JN246803

中学校数学の授業デザイン 1

数学的活動の再考

池田敏和・藤原大樹　著

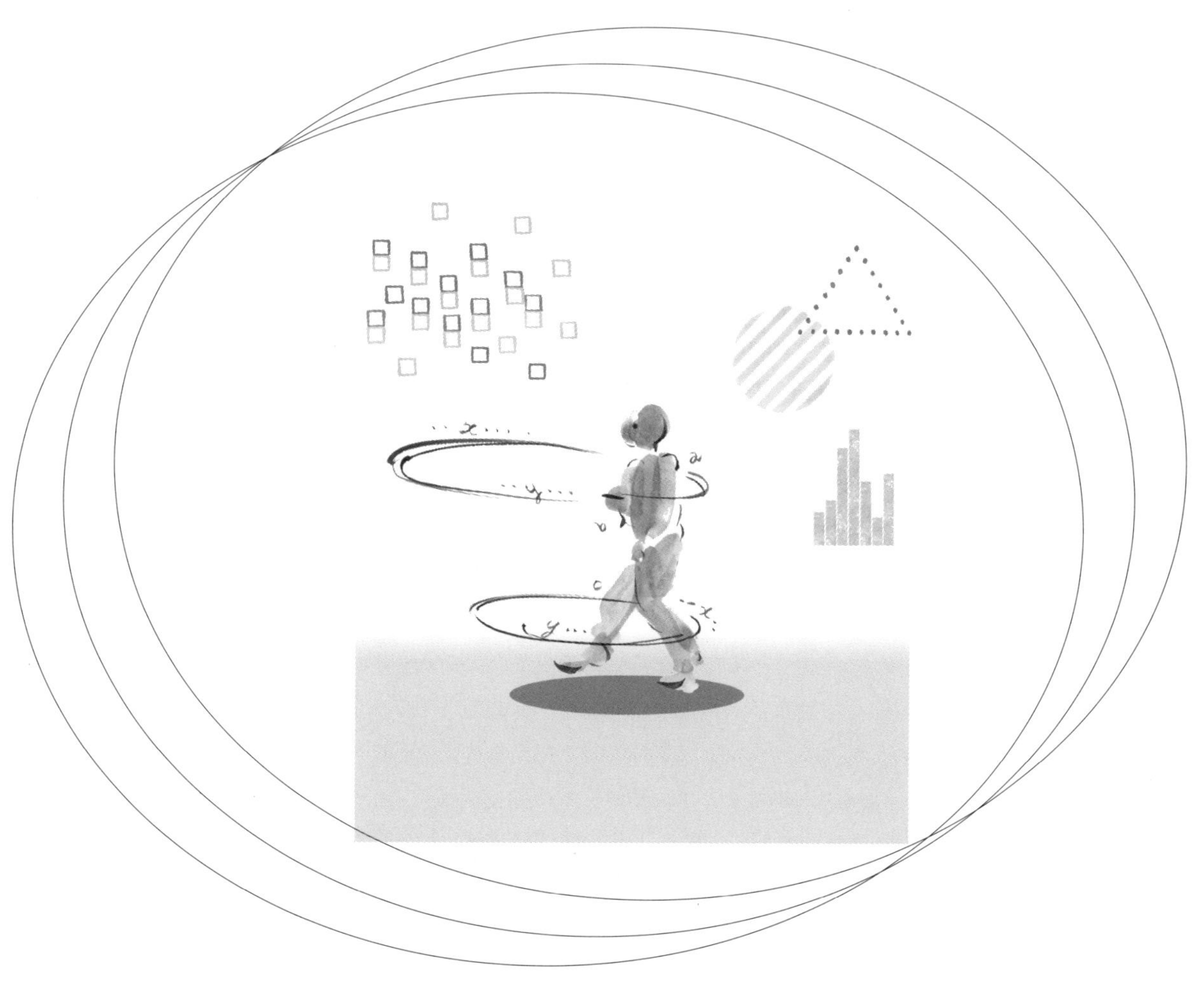

学校図書

はじめに

江戸時代の庶民教育では，日常的な生活に必要とされた基本的な能力として，「読み書きそろばん」が位置づけられていた。これは，算数・数学の基礎・基本は，計算だという考えにつながる。そして，この考えが根強く残っていると，「計算もできないのに，考える力を育てるのは無理だ」という考えへと導かれてしまうことになる。しかし，この考えこそ，今の時代においてパラダイム変換すべき考えではなかろうか。数学的活動があるからこそ，その所産として数学的知識が生み出され，その中の一つに，計算があるという立場への意識改革である。

このような意識改革を基にすると，数学的活動とそれを促進する思考力・表現力が数学教育の基礎・基本に位置づけられ，そのオプションとして計算力等の技能が位置づけられることになる。計算力を高めるためだけの計算練習ではなく，数学的な探究を深めていく中において，必然的に計算の仕方とその練習が要求されてくるといった単元構想，授業構想をしていく必要があると考える。

上記のような理由から，歴史的に繰り返し強調されてきた数学的活動を，もう一度振り返って考察していくことにした。数学的活動とは，確かに生徒の主体的な活動ではあるが，ただそれだけではその実体が見えてこないし，いざ指導となると，何をどうするのかがわからない。本書は，数学的活動を強調していくとは，具体的にどのようなことに目を向けていくことなのかを再考したものである。

理論編では，数学的活動を歴史的に振り返りながらその基本的な性格を捉え，どのような活動と思考に焦点を当てていく必要があるのか，活動の所産として，数学的知識がどのように成長していくのか，さらに，生徒同士の学び合いをいかに深めていくのかについて言及する。また，実践編では，活動の中の生徒の問いに焦点を当て，授業の中でいかに生徒の問いを設定・特定するか，探究的な活動をいかに促すか，活動の履歴を残しながら，生徒の活動をいかに評価していくか等について言及する。数学的活動を深く理解し，その実践をさらに推進していくための「たたき台」として，本書をご活用頂けると幸いである。

最後になるが，本書を作成するに当たり，学校図書の酒匂祥之氏，小林雅人氏には，本書の構成から校正に至るまで多大なご協力を頂きました。この場を借りて厚くお礼申し上げます。

2015年10月

池田 敏和

CONTENTS

CONTENTS

理論編

第1章 理論編 数学的活動の歴史的考察とそのねらい

数学的活動は，平成10年改訂の学習指導要領で数学科の目標の中に位置付けられ，平成20年改訂においてさらに強調されることになった。しかし，数学的活動が強調され始めたのは近年になってからのことではない。その言及は歴史的に古く，昭和初期にまで遡る。第1章では，数学的活動を歴史的に振り返り，なぜ数学的活動なのか，その意図は何かについて考察する。

1-1 なぜ数学的活動なのか

日本の数学教育において，知識の伝授から活動志向への動きがあったのは，小学校においては，昭和初期の緑表紙教科書（塩野直道（しおのなおみち）編纂，昭和10年～16年までの6年間使用）からである。そして，中・高等学校では，緑表紙の影響を受けて，小・中の一貫教育という立場から，知識の伝授から活動志向への議論がなされるようになった。

(1) 要目カス論

塩野直道（塩野・彌永，1982）は，彌永昌吉（いやながしょうきち）との中等数学教育に関する往復書簡の中で，既存の数学を教え込むのではなく，生徒自らが数学をつくっていくことの重要性について，次のように述べている（pp.83-85）。

> 在来の数学は，西洋で発展したものが論理的に再編成して体系ができている。教育では，これを絶対不動のもののごとく考え，大学から小学校（国民学校とは申しません）まで，その適度な縮刷版を解説し，記憶と模倣とを強要していたのではなかったか。さようなことで，あらゆる方面において，世界最高のものを創造していくことによって始めて可能な世界新秩序の建設―それは次代国民に負うところが大きい―を遂行すべき国民練成ができるかという意味であります。

島田（1982）は，塩野直道のこのような思想から引き出された「要目カス論」について，次のように述べている（pp.265-266）。

> 論風発する中で，とくに私に印象が強かったのは，先生の持論である「要目カス論」であった。すなわち，「いわゆる要目として羅列してある数学的な話題は，いわば生徒が数学的な活動をして後に残った食べカスにすぎない。活動の質自体が重要な教育的内容であるのに，それ自身を記さずに，そのカスを列挙することで要目とすることは，おかしな話だ」ということである。（文意は私の諒解による。）

「要目カス論」では，生徒に強調すべきことは，活動から得られる知識ではなく，活動の質自体が最も重要な教育的内容としている。要目によって構成されていたカリキュラムが批判され，それらの要目を構成的に獲得する際の活動自体が強調されるようになったわけである。しかし，カリキュラム作成に当たって，児童・生徒の活動をどのようにカリキュラムの中に反映していくかは非常に難しい問題であった。このような中で，昭和17年3月に教授要目が改正され，従来のような要目だけを記すのではなく，「カス論」を考慮にいれた折衷案ということで，数学的な話題に対して，それを扱う方向やねらいを前書きして，内容に方向性を与える形になった。

(2) 活動を志向したカリキュラムに向けて

前述のような，数学的な話題とねらい，あるいは数学的な話題と活動を組にして，学習すべき内容を示すという考え方は，今後のカリキュラムを記述する際の基本になった。すなわち，それぞれの知識・技能に行動（方向）が加えられ，知識・技能と行動（方向）のセットを根底におき，カリキュラムが構成されるようになったわけである。

しかし，特に小学校高学年以降においては，従来の知識・技能の系列を軸に行動が加えられたため，どうしても知識・技能を構成していく際の活動に制限が加えられることになる。平林（1987，pp.195-196）は，この点に関して次のように警告している。

> 学習指導要領が，学年的に教材を指定しているために，時には本質的な学習水準の飛躍のないままに教材的には先走ってしまうことがあるだけでなく，時には可能な水準の飛躍を抑圧して，不毛な訓練を反復させることもあるように思われる。そして学習指導要領が細かく内容を規定すればするほど，このような現象はいっそう多く見られるであろう。水準の飛躍ということが，数学学習の本質的な姿であるとすれば，あまり詳細で厳しい内容の規定は，かえって数学学習の本姿にもとるものといわねばならない。

これらは，活動を中心としたカリキュラムというより，むしろ知識・技能の系列を核におき，それに活動を付与する形のカリキュラムと解釈する方が妥当である。数学的活動を核におき，それに知識・技能を付与する形での数学的活動が強調される所以である。

1-2 数学的活動の意図

上述の数学的活動の考察を受けて，その意図しているところを整理しておきたい（池田，2008a）。数学的活動という言葉は，指導要領に限らず，多くの研究者によって繰り返し言及されてきた。そこには，従来の指導・学習において何らかの課題が見いだされ，それを克服するためのスローガン的な役割としてその言葉が登場してきている。

(1) 数学的活動における主体性と社会性

まず「活動」という言葉から示唆される最も基本的な点として，デューイの子ども中心の教育があげられる。平林（1987）は，デューイの思想について，二つの特徴を抽出している。一つは，教師の伝達による教育から「目的を立て，方法・手段を比較し，行為の結果に基づいて反省し，新しい目的を立てるという一連の思考的活動を子ども自身に展開させる教育」への転換であり（ここでは広い意味で「主体性」と呼ぶことにする），もう一つは，数学教育を個人的思考過程といった側面だけでなく，社会的過程ないしは集団過程として捉えなおす点（「社会性」と呼ぶことにする）である。この2点は，教師から生徒への伝達による教授，数学教育を個人的思考過程だけで捉える教育観に代置させており，活動という言葉がもつ意味として，「主体性」，「社会性」の2点が核になっていることがわかる。

(2)「数学的」の意味するところ

ここで，数学的活動の「数学的」という言葉がもつ意味はどうであろうか。ここでまず我々は，学校数学と学校外における数学（学問としての数学，社会で使用される数学等）とを区別する必要があろう。学校数学で何をいかに教えるかを考えるとき，我々は，教育的な視点に加えて，学問としての数学，社会で使用されている数学等を分析・考察し，学校数学で教える内容，指導法等を検討している。ここでは，「何を」といった内容と，「どのように」といった過程が研究対象となる。

まず内容に焦点を当てたとき，どのような活動内容を数学者や社会で数学を使用している研究者等は行っているのだろうかという問いが取り上げられる。島田（1977，pp.20-21）は，学問としての数学，社会で使用される数学等を発生的・統合的に捉えながら数学的活動を規定し，学校数学における目標が全ての側面に関わっていること，それゆえに，バランスよく数学的活動を取り扱うことを示唆している。これより，島田の数学的活動の規定においては，従来の指導では偏りがちであった学習過程を鑑み，もっとバランスよく多様な活動を取り扱っていくことを示唆している。すなわち，数学的知識を構築する活動に加えて，実世界と数学との関連性を重視した活動，数学内での発展・統合等を重視した活動をバランスよく取り扱っていくことである（池田，1999）。島田（1977）によるオープンエンドアプローチ，竹内・澤田（1984）による問題の発展的な取り扱いによる指導に関する研究，そして，それらをさらに体系的に捉えカリキュラムに位置付けようとした橋本（1996）による「算数数学の問題づくりとオープンエンドアプローチをもとにしたカリキュラムの開発研究」，社会と数学とのつながりに焦点を当てた長崎（2004）による「算数・数学と社会・文化のつながり」の研究等は，島田の規定した数学的活動を生徒自身が主体的に問いかけて実行できることを意図した試みとして解釈できる。

次に，過程に焦点を当てる。学問としての数学を研究している数学者や社会で数学を使用している研究者等が行っている活動を振り返り，その過程を生徒自身に体験してもらうことが考察の対象となる。「数学的」の「的」とは，「数学者や社会で数学を使用している研究者が行っているような」という意味として解釈できる。そこには，当然のごとく「主体性」が保障されており，それに加えて，数学的活動の質の向上まで言及されることになる。与えられた問題を解決することにとどまらず，問いを見いだしたり，発展的に広げていくことにより，活動が「問い」と「思いつき」からなる対話的，連続的になされていく過程が強調される。

(3) 数学的活動の本質：具体の中の豊富な活動から数学的な構造を抉り出し表現すること

それでは，数学的活動の本質とは何か。これについて，渡邉 (2008) は，次のように述べている。

> 数学は具体的事象から構造を抽出することにより発展してきた。抽出された構造はさらに抽象化され，あらたな構造へと変容していく。…（中略）… 数学者は，深い洞察から数学的構造を理念として把握し，それに導かれてその理論を展開していった。しかし，その理念たる数学的構造は，さまざまな具体例や計算のかげにかくれて，あからさまに表に出ることはない。しかも，抽象化された構造はそれ自体を学べるものではない。まったく無味乾燥な文字列に見えるであろう。その構造が宿っている事物を体験しているものにとってはあたりまえのこととみえることもある。しかし，その体験が欠如しているものにとっては，まったくチンプンカンプンであることが多い。

数学的知識というのは，抽象化を繰り返していくもので，具体と抽象とは絶対的に定まるものではなく，相対的な関係にある。デューイ (1950) は，具体と抽象の境界線によって，「熟知の限界内に含まれるもの」と「熟知の限界に出るもの」が決定されると述べている。それゆえ，子どもにとっては，日常の中での具体的な経験を出発点として，そこから数学的な構造を抉り出しそれを表現することで抽象化していくことが肝要となる。そして，そこで獲得された数学的知識は，さらなる抽象化へ向けての具体になる。すなわち，児童・生徒が獲得する数学的知識というものは常に暫定的なもので，児童・生徒の問題意識が深まる中で，より確実により抽象化されていくわけである。さらに，児童・生徒が数学的な構造を取り出し数学的知識としていくためには，抽象化されるべき数学的な構造を内包した具体の中での活動が重要となる。具体の中で，試行錯誤しながらさまよい，その中で気付き，納得へと変容していく内的活動に焦点が当てられる。具体の中で目的や問いが生成されないまま抽象的な活動へと推移するのではなく，数学的構造を内包した具体の中での豊富な活動の中で新たな目的や問いが生成され，その追究の中で内包された数学的構造をみとり自分なりに表現しようと試みていく過程に焦点が当てられるべきである。この点は，数学的活動を通して数学的知識に膨らみを持たせていく際，特に留意すべき点といえる。

1-3 なぜそれを考えるのか

数学的活動における「主体性」に焦点を当てたとき，「なぜそれを考えるのか」に焦点を当てることが重要である。この点について歴史的に考察すると，戦後の生活単元学習，数学教育の現代化を振り返ることからいくつかの示唆が得られる。順に見ていくことにしよう。

(1) 生活単元学習からの示唆

戦後の生活単元学習は，児童・生徒が生活の中から主体的に問いをもつことを第1に強調した数学科教育課程であり，「コアカリキュラム」と呼ばれている。このカリキュラムでは，全ての教科が，「生活単元」を基にして統合されている。しかし，生活単元の意味については，いくつかの解釈を見いだすことができる。当時，文部省に勤めていた和田（1951，p.130）の解釈を引用すると，「単元」について，次のように説明されている。

> 計算問題，事実問題が，こどもの問題となるためには，「なぜこの問題を考えなければならないか」が，こどもに，はっきりわからなければならないのです。さて「なぜ」から出発して「何を」「どんな方法で」とその三つの条件が自から揃っているものを，普通の計算問題や事実問題と区別するために，これを単元ということにしたのであります。

事実問題とは，日常生活や我々の身の周りの世界を取り扱った問題のことを意味し，なぜ児童・生徒がその問題を解かなければならないか，その理由についてまでは関心がおかれていない。それに対し，生活単元学習では，児童・生徒が，なぜ事実問題を解かなければならないのか，その理由を明らかにした上で，「何を」「どのように」解決していけばよいかを考えていくという全ての過程に関心がおかれている。それゆえ，生活単元では，児童・生徒がなぜ問題を解くのかを理解することが必須条件とされており，数学的知識は，児童・生徒自身が自分の問題を解決していく過程の中で獲得していくことが意図されている。

数学的活動といった視点から生活単元学習の議論を振り返ったとき，「なぜこの問題を考えなければならないか」という論点は，必要不可欠の要件といえる。生徒の中に「問い」をつくるしかけを考えていくことは，数学的活動を意図した学習活動を考える際に，まず考慮に入れるべき視点だといえる。

(2) 数学教育の現代化からの示唆

第二次世界大戦が終わり10年程過ぎると，どの国でも数学の進歩と学校数学の内容のギャップが指摘されるようになり，このギャップを埋めるために，現代数学を数学科カリキュラムに取り入れることが議論されるようになった。そして，1957年におけるソ連の人工衛星打ち上げを契機として，アメリカを初め世界各国で数学教育を現代化する運動が急激に高まっていった。日本でも，昭和43年の学習指導要領の改訂に伴い，数学教育の現代化が実施されることになった。米国における数学教育の現代化は，昭和33年頃からSMSGなどの研究団体の設立に伴い研究が活発になされてきたので，日本における実施はほぼ10年後ということになる。

① 日本における現代化

米国のSMSGの実験教科書は，かなり急進的な改革を試みようとしているのに対し，日本の学習指導要領は，全国一律の基準でしかも10年あまり変更が考えられない法的な性格をもつことから，そうした考えを大きく取り入れることには抵抗があった。結果的には，「「時代の進展に応ずる」ということと「内容の精選」ということを調和させて解するという形で対応すること（中島，1981，p.37）」になった。すなわち，米国における数学教育の現代化の考えに目を向けながらも，従前からの「数学的な考え方」の育成を充実するという方向で対処することになった。目標は，次の3点が主要な観点となっている（中島，1981）。

ア　実際の事象を目的に即応して数学的に捉えること

イ　論理的に思考を進めること

ウ　統合的発展的に考察し処理すること

ここで，現代化の中で特に強調されたウに焦点を当てると，中島（1981）は，統合と発展の関わりについて，次のように述べている。

> この表現に関しては，「統合的」と「発展的」とを並列的によみとらないで，「統合といった観点による発展的な考察」というようによみとることが望ましい。これは，「統合」ということを，数学の立場で発展を考える際に，それを限定する方向，または，価値観をあらわすものの，いわば代表として，そこで用いているからである。（p.40）

統合が，発展の中の一つの方向として捉えられていること，並びに，数学科における発展の中で中心的な役割を果たすのが統合であることが述べられている。戦後の生活単元学習では，実世界からの数学化が第一に強調されてきたのに対し，現代化では，これまで学習した内容を整理・統合していくことが算数・数学の学習の中で重要な役割を果たしていることが明記されたわけである。しかし，これまで学習した内容を整理・統合していく活動が重要であるのであって，整理・統合された内容を児童・生徒に早い段階から注入することが重要なわけではない。中島（1981）は，ポリアの提言を引用しながら，十分な背景を理解した上で新しい概念を導入すること，「統合する」という活動自体を強調していくこと，いたずらに抽象的な内容を早い段階から導入しないことを指摘している。

② 現代化の失敗

米国においては，かなり急進的な取り組みがなされたこともあって，数学教育の現代化は失敗であったとされるのが主流な解釈である。例えば，小平（2000）は次のように述べている。

> 集合を小学校から教えるようになったのは，現代数学の基礎は集合論であることから，数学教育も集合から始めるべきである，といういわゆる数学教育の現代化の考えによるのであろう。しかし，数学の基礎が集合論であるというのは，2000年の昔から現在まで生成発展してきた数学を現段階において集大成して，その構造を分析し，一つの体系として記述するための基礎が集合論であるという意味であって，生成発展の基礎が集合論であるという意味ではない。子供に数学を教えるということは，子供の数学的能力を生成発展させることであるから，数学の初等教育は数学の歴史的発展の順序に従って行うべきである。(pp.129-130)

ここで注目すべき点は，集合論が「2000年の昔から現代まで生成発展してきた数学を現段階において集大成し，その構造を分析し，一つの体系として記述するため」に導入されたという点である。生徒にとって，これまで学習したことを関連づけ体系化することは，一つの数学的活動として重要な部分であるが，なぜ集合を導入するかという理由が生徒に理解されないのであれば，小平が指摘するように，児童・生徒にとっては「なぜそれを考えるのか」がわからない。集合に関わる内容を理解できたとしても，それは，児童・生徒にとっては，無意味な内容になってしまうわけである。ただし，現代化においては，これまで学習した内容を整理・統合していくことが算数・数学の学習の中で重要な役割を果たしていることが指摘された点を見逃してはいけない。日本における数学教育の現代化がたとえ失敗という解釈がなされたにしても，この基本的な考え方まで捨て去るのは愚かである。

③ 今後の指導への示唆

ここで今後に向けて参考になる点が２つある。一つは，数学の内容が理解できるかどうかで指導内容を決定するのではなく，「なぜそれを考えるのか」の理由が児童・生徒に理解できるような指導系列，授業展開を考えていくべき点である。これは，生活単元学習からの示唆でも，繰り返し強調されている点である。ここでは，活動と活動を持続的につなぐ問いが重要な役割を果たすことになる。

もう一つは，児童・生徒にとって身近な問題を解決することだけが数学的活動ではなく，これまで学習してきた算数・数学を関連付け，統合していこうとする活動を同等に強調していく必要があるということである。いくつかの具体的な問題を解決した後で，どのような数学的手法を用いたかを振り返り，それを整理・統合していく活動である。ただし，これはあくまで，児童・生徒が問いとして持てる段階での関連付け，統合でなければならない。「統合する」という活動自体が重要であって，いたずらに抽象的な内容を早期から指導することではない点にくれぐれも注意を向ける必要がある。そして，創り上げた数学が生徒にとって十分具体的な内容になった段階で，さらなる抽象化へとつなげていくことが奨励される。集合に関する内容を早い段階から導入するという考えは，それを学習するための十分な背景が児童・生徒の内的な世界にないことが，その失敗の大きな原因として指摘することができる。

1-4 失敗を「たたき台」と捉え，それを生かして考える

数学的活動について，もう1点付け加えておきたい点がある。それは，生徒の「素朴な考え」を大切に扱い，それを生かして展開していくことである。

(1) たたき台を検討・修正する

素朴な考えというのは，何らかの先行経験から引き出される初発の考えであり，不完全な考えであったり，間違いであったりすることが多々ある。しかし，その不完全さを，どのように捉えていくかが重要な点となる。不完全な考えは，そのままダメだと捨て去ってしまえば，失敗として終わってしまう。しかし，それを「たたき台」として捉えれば，すなわち，今後の思考を深めていくための契機として捉えれば，「たたき台」はよりよい考えを引き出すための格好の素材となる。「たたき台」はなくてはならない貴重な考えになるわけである。自分のつくった「たたき台」を振り返り生かしていくこと，また，友達の素朴な考えであれば，その考えが生まれてきた理由をくみ取るとともに，改善の余地が見いだせないか，どのように修正していけばよいかを一緒に考えていける機会となる。このような思考は，我々教員は日常的に行っている。指導案を検討する行為の中に，その最たる場面が見いだせる。そこでは，最初から完璧な指導案がつくれるとは考えていない。何も資料がないと議論が深まらないと考え，「たたき台」としての指導案を作成して，自分の中で，あるいは，教員同士で議論を深めるための契機にしている。とりあえず「たたき台」をつくり，それを基に検討・修正していくことを常套手段として取り扱っているわけである。しかし，生徒にとっては，このような考えは，経験を踏まない限り体得できるものではない。数学の授業は，そのような思考を育てるための一つの場となっている。

(2) 2つの試行錯誤

このような立場から考えていくと，試行錯誤にも2通りある点に留意しておく必要がある。両者は，試行錯誤でうまくいかなかった場合，どうするかによって大別される。一つは，うまくいかなかった失敗例を潔く捨て去り，新たな別の場面を考えていく試行錯誤であり，もう一つは，失敗例を振り返り，次に生かしていこうとする試行錯誤である。期待される試行錯誤は後者の方で，そこでは，もはや失敗例は失敗ではなく，次に生かすためのたたき台として活用さ

れている。失敗例をたたき台とみて，次に生かしていこうとする考え方は，数学だけにとどまらず，人生を生きていく上での知恵でもある。

(3) 思考を断絶させるヒントと素朴な考えを生かす発問

わからない問題でもあきらめずに試行錯誤できる生徒を育てるには，うまくいかなかったときに，何回でも振り返り，検討・修正を繰り返しながら正解へとたどり着く経験が必要である。そのような経験を何回かすれば，たとえわからなくても，試行錯誤を繰り返せば，うまくいくかもしれないと思えるからである。例えば，中学校数学の課題学習等でよく取り扱われる次の問題を考えてみよう（池田，2008b）。

> ケーキの表面にチョコが塗られたチョコレートケーキがあります。
> ３人で、チョコもスポンジも、同じ量だけ分けるには、チョコレートケーキをいかに切ればよいでしょう。

図1-1　ケーキを等分する問題

この問題で，生徒が図1-2のように素朴に考えて解決を試みたとしよう。そして，友達からチョコの量が違っていることを指摘され，先生は，ヒントとして図1-3，図1-4を与え，「わからない人は，この図を用いて考えてみよう」といったとする。このような展開はいかがなものであろうか。

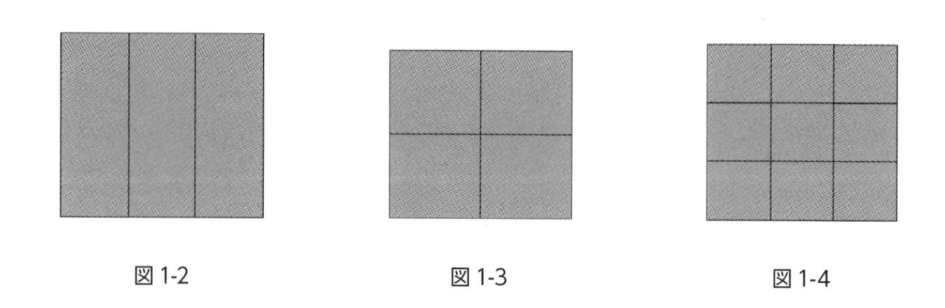

図1-2　　図1-3　　図1-4

先生のヒントで，生徒は解決策を得られるかもしれないが，なぜ図1-3，図1-4が出てきたのかがわからない。生徒の考えた素朴な考えと，先生がヒントとして与えた図の間に，思考の断絶があるわけである。ここでは，素朴な生徒の考え（図1-2）を吟味し，「なぜうまくいかないのか」から考えていきたい。間違いを解決のきっかけとして「たたき台」とみるわけである。すると，スポンジはうまくいっているが，チョコの量がうまくいっていないことに気づく。それでは，チョコの量がうまくいくには，どうすればよいのか。周囲のチョコの量を同じになるような分け方を考えていく必要がある。そうすると，周囲の長さを3等分することが目標となり，正方形の1辺を2等分したり，3等分したりすることで（図1-3，図1-4），周囲の長さが3等分できないかを考えていくことになる。図1-3を基に検討・修正していくこともできるが，周囲の長さの分割数を3でわれるように修正していく考えが見えてくる。すなわち，1辺の長さを3等分する考えである。ちなみに，n等分を考えると，図1-5のようになる。例えば，5等分のときで説明しよう。正方形の1辺を5等分すると，4辺あるので，周りの長さは20等分されていることになる。そこで，20等分されたどこかの点から4つ分ずつ取っていけば，周りの長さが5等分されたことになる。正方形の中心から5つの点を結ぶと，ケーキが5等分されたことになる。

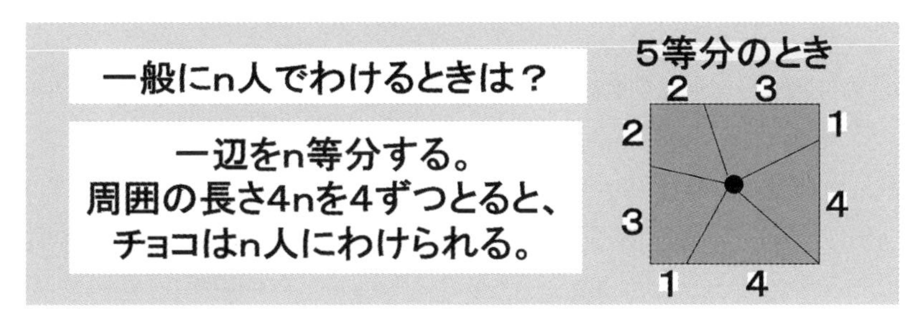

図1-5　n人で等分する方法

■■ 第1章の引用・参考文献

デューイ著，植田清次譯(1950)．『思考の方法』，春秋社.

橋本吉彦(代表)(1996)．『算数数学の問題づくりとオープンエンドアプローチをもとにしたカリキュラムの開発研究』，文部省科学研究費・一般研究C，研究成果報告書.

平林一栄(1987)．『数学教育の活動主義的展開』，東洋館出版社.

池田敏和(1999)．「数学的活動を軸としたカリキュラムの開発」，『算数・数学カリキュラムの改革へ』(pp.167-183)，日本数学教育学会編，産業図書.

池田敏和(2008a)．「数学的活動を再考する－その性格と意図」，『日本数学教育学会誌』第90巻 第9号，pp.56-64.

池田敏和(2008b)．「「正しい，間違い」という知識観から，「たたき台の検討・修正」といった知識観へ」，『数学教育』No.606，明治図書，pp.84-89.

小平邦彦(2000)．『怠け数学者の記』，岩波現代文庫，pp.129-130.

長崎栄三編(2004)．『算数・数学と社会・文化のつながり』，明治図書.

中島健三(1981)．『算数・数学と数学的な考え方』，金子書房.

塩野直道・彌永昌吉(1982)．「中等数学教育に関する往復書簡」，『隋流導流－塩野直道先生の業績と思い出－』(pp.78-90)，塩野先生追想集刊行委員会，寿印刷株式会社.

島田茂編(1977)．『算数・数学科のオープンエンドアプローチ』，みずうみ書房.

島田茂 (1982)．「塩野直道先生の想い出」，『隋流導流－塩野直道先生の業績と思い出－』(pp.265-267)，塩野先生追想集刊行委員会，寿印刷株式会社.

竹内芳男・沢田利夫編(1984)．『問題から問題へ』，東洋館出版社.

和田義信(1951)．「指導法を中心とした数学教育界の展望」，『数学教育』第33巻第5・6号，日本数学教育学会，pp.129-134.

渡邊公夫(2008)．「スパイラルと数学的活動」，『数学教育』No.612，明治図書，pp.88-93.

第2章
理論編

数学的思考を対で捉える

数学的活動を遂行していくためには，その活動の中に潜む数学的思考を明確にしていく必要がある。第2章では，数学的思考を大局的な立場から捉え，代表的な数学的思考として，「直観的推論と反省的推論」「抽象化と具体化」「一般化と特殊化」の３つに焦点を当てる。

2-1 数学的思考へのアプローチの仕方

数学的思考について論ずることは容易ではない。ここでは，いくつかの視点を定めて言及していくことにする。

(1) なんのために数学的思考に目を向けるのか

数学的思考については，数学的な考え方といった表現のもとに，昭和30年代以降，数学教育の研究において中心的な役割を果たしてきた。この捉えについては，いくつかの立場があるが(都立教育研究所，1969；中島，1981；片桐，1988)，どの捉えにしても，なぜ子どもに数学的思考力を育てていくべきであるのかは共通しているといえよう。その理由の一つは，子どもが生活の中で，あるいは，未来の社会生活の中で未知の問題に遭遇したとき，「全くどういうことなのかわかりません。答えを教えてください」といった他人まかせの行動をとらないようにするためである。自分の目で物事を構造的に捉え，その本質を明らかにしていこうとする姿勢が要求されるわけである。もう一つは，問題が一旦解決したらそれで終わりだと満足せずに，さらに深めて考えようとする子どもを育てたいからである。算数・数学の指導で学習した数学的思考を活用して，自ら，あるいは，仲間と協力して問題を解決したり，新たな問題を提起したりできるような大人に育ってほしいわけである。

(2) 数学的思考を類型化していく際の二つの立場

学校数学の中で数学的思考を類型化していこうとするとき，二つの立場が考えられる。一つは授業レベルという立場，もう一つはカリキュラムレベルという立場である。授業レベルというのは，教師が実際に授業をする際に，生徒たちにどういう考えを育てたいか，また生徒たちのどういう考えを評価していけばいいか，といった視点から明確化していく方向である。それに対して，カリキュラムレベルというのは，小・中・高の算数・数学を一貫的に見て，どのような数学的思考に焦点を当てるのかを大局的に明確化していく方向である。

授業レベルの視点で捉えたとき，当然一回一回の授業で，ねらいが明確でないと授業ができないので，どんな考えを育てたいのかを明確に捉えていく必要がある。また，それと同時に，生徒の考えの評価にも目を向ける必要がある。教師にとって大切なことは，Ａ君Ｂ君が同じようなことを言っているとき，それが全く同じかどうかを見極めることである。一見同じように見えるが，その考えの中に違いを見いだす力が必要である。違う視点から捉えられれば，教師はそれをしっかり見極めて，授業の中で価値付けたり評価したりしていくことが可能になる。これが，生徒のやる気を育てると共に，新たな疑問を引き出す契機となる。このように授業レベルで数学的思考を見ていくと，生徒の考えを詳細に，分析的に捉えて細かく見ていくことが大切になってくる。

もう一つのカリキュラムレベルについては，もう少し大きい視点で見ていくことになる。今日一回の授業ではなくて，例えば小中高の算数・数学を見通したときに，我々は児童生徒にどのような考えを育てていきたいのかという，俯瞰した立場からの捉えである。例えば，授業レベルで細かく考えの違いを分析していくと，他方では，「この考えとこの考えはどう違うの？」とふと頭をかしげてしまうときが出てくる。「帰納的な考えと一般化の考え，何が違うの？」といった具合である。そういったことを考えると，もう一つ重要になってくるのが，一つ一つの考えと考えがどう関連しているのかということ，さらに言えば，「この考えとこの考え，こういうふうに抽象化すると，一つのまた大きな考えとして見られるのではないか」といった視点から数学的思考に目を向けていくことである。

両者の立場から，なぜ数学的思考に目を向けるかをまとめると，図2-1のようになる。

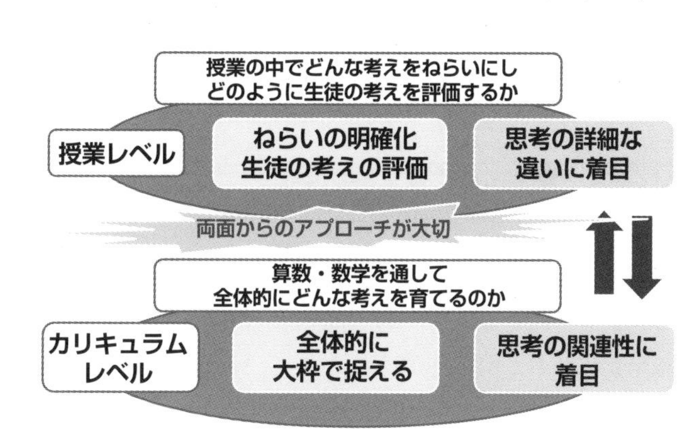

図 2-1　数学的思考を明確化する理由

(3) 対となる考えで数学的思考を捉える

ここでは，大局的な視点から述べていきたい。数学的思考をよく見ていくと，一つの方向とそれに対する逆方向というセットになるような考えがある。そういったものを核となる考えとみて，数学的思考を俯瞰的に捉えていけないかという視点から述べる。一つ目は「直観的推論」と「反省的推論」という視点，二つ目が「抽象化」と「具体化」という視点，そして三つ目が「一般化」と「特殊化」といった視点である（図2-2）。

これら三つの思考は，小・中・高等学校の算数・数学科を俯瞰的に捉えたとき，児童・生徒に育てていきたい重要なものの見方・考え方である。全体の中で部分を見ること，また，部分を考える中で全体を俯瞰することを志向したとき，この三つの思考は，数学教育の中で欠くことのできないものの見方・考え方であるといえる。

1つの方向からだけでなく，2つの方向から捉え
両方の思考を含む全体を俯瞰して捉える。

2つの方向をセットとして見ることで
どこに目を向ければよいかが明確になる

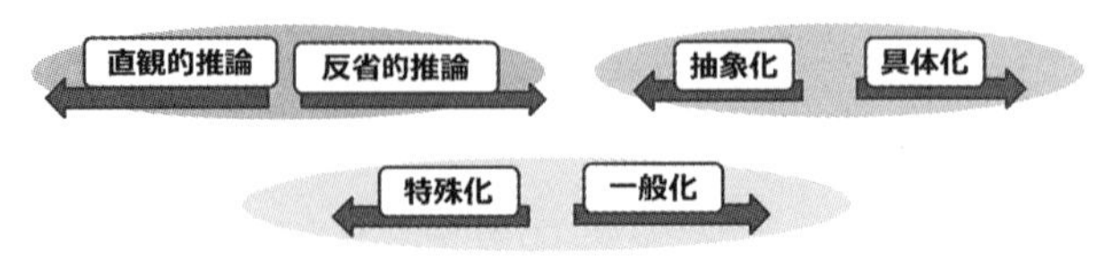

図 2-2　対をなす3つの数学的思考

2-2 直観的推論と反省的推論

まずは，推論について取り上げる。人は，知らず知らずの内に二つの推論（直観的，反省的）を使い分けていること，また，直観的推論と反省的推論が相補的な関係にあることについて述べる。さらに，推論様式として類推，帰納，演繹について説明した上で，それらが二つの推論とどのような関係にあるのかについて言及する。

(1) 認知心理学における2つの推論

人は社会の中でどのような推論様式を用いているのかに関して，認知心理学，社会心理学，判断・意思決定の研究領域で，“dual-process theories of reasoning and rationality”に関わる研究が活発になされている（Evans and Frankish（ed），2009）。そこでは，推論には2つの過程があること，そして，人は場面に応じてその2つを使い分けて判断・意思決定しているということが論点にされている。その2つの過程については様々な解釈がなされているが（Evans, 2009），大きく捉えると，一つ目が直観的，即自的，総合的な判断に関わる行為であり，二つ目が論理的，長期的，分析的な判断に関わる行為である。前者が，既知の事実から直接引き出される結論で，それを真実として受け入れていいかどうかを吟味せずに即自的になされる行為であるのに対し，後者は，既知の事実から厳密な吟味を通して長期的にわたってなされる行為である。後者に関しては，なぜそうなるかを反省的に考えることから，論理的に厳密な思考が要求されることになる。これら2つは，第1のシステム，第2のシステムと呼ばれたり，「直観的推論（Intuitive Inference）」と「反省的推論（Reflective Inference）」と呼ばれたりしている（Mercier and Sperber, 2009）。「推論」に対応する英語を考えたとき，“reasoning”と“inference”という2つが見いだせる。これら2つは，その意味を区別せずに用いられることもあるが，“reasoning”を論理的・分析的な判断に関わる行為として解釈し，“inference”を直観的・総合的，論理的・分析的な推論の両方の意味を包含した広い意味で解釈することがある。ここでの「推論」は，“inference”に対応する言葉になる。

認知心理学，社会心理学等の領域では，推論を社会的な文脈の中で働く考えとして位置付け，２つの過程を明確化すること，並びに，直観的推論と反省的推論がどういう状況において用いられるのかに研究の焦点が当てられている（Alter, Oppenheimer, Epley and Eyre, 2007）。例えば，個人的なことに関する日常的な推論では，他人に迷惑をかけることがないことから直観的推論で終わらせることが多いのに対し，社会的な問題になると，誰が見ても納得できるようにする必要のあることから，反省的推論が要求されることの多いことが指摘されている。また，困難を感じない問題では，問題を容易だと判断し，第１のシステムで思考を終えるのに対し，困難を感じる問題では，第２のシステムを用いないと解決が難しいと捉え，分析的な思考が働くことを事例的に検証している。すなわち，少々困難を感じた方が直観的推論だけで終わりにすることなく，反省的推論まで推し進める傾向にあるわけである。このような分析は，数学教育においても，どのような状況で児童・生徒が直観的推論で終わらせずに反省的推論へと考えを推し進めていくのかを考える上で参考になる。

(2) 直観的推論と反省的推論の相補的な関係

では，これら２つは，どちらが優れているのであろうか。反省的推論では，より厳密な論理により結論が導かれるので，結論の正当性に関しては，直観的推論から導かれる結論より優れている。しかし，発見がいかになされるかに焦点を当てると，無意識の中での直観が重要な役割を果たしている。アダマール（アダマール著，伏見他訳，1990，p.54）は，無意識（直観）と意識（論理）の優劣を考えることには意味がなく，両者が協力し合うことにこそ本質があると述べている。そして，アダマールは，発見がどのようになされるかについて，準備段階としての意識作業の後に，無意識の協力があり，その無意識の中に発見へと導く着想の第一歩があるとしている。ただし，その着想は焦点化したものではなく，いくつかの考えが分散している。そして，当面の問題を忘れることなく維持すると共に，いくつかの考えから重要な考えを選び出すことを通して発見がなされるとしている。直観なくして発見はあり得ないという立場であり，次のように述べている。

> すべての精神活動とりわけ発見に関する活動には，表層的であれ（また多くの場合）多少とも深層のものであれ，無意識の協力がある。その無意識の内部には（準備段階での意識的作業の結果として）着想の第一歩があり，ポアンカレはそれを原子の投射にたとえたが，それは多少とも分散しているところがある。そして，忘れないで維持するためと組み合わせによる総合作用を行うために，一般に具象的な表現が心のなかで用いられる。このことから，まず最初に出る結論として，厳密にいうならば完全に論理的な発見などはほとんどないということになる。少なくても，無意識から発せられる直観の介在が，論理的作業の開始のために必要である。(p.131)

また，ポアンカレ（ポアンカレ著，田邊元訳，1927）は，数学内での外界との関連を省みない論理的な問題解決だけに焦点化してしまうと，その問題がいかに生まれてきたのかといった全体的な局面に関する見解が疎かになること，それ故に，論理だけではなく，直観の役割をしっかりと把握し考えていくことの必要性を指摘している。直観的推論では，全体的に物事を見る考えが強調されるのに対し，反省的推論では，分析的に物事を見る考えが強調されるわけである。直観的推論と反省的推論とは，アダマール，ポアンカレの述べるように，互いが互いを補う補完的な関係にある。

このように考えると，数学教育の中で，直観に対応する生徒の素朴な考えをもっと強調していく必要がある。生徒の素朴な考えは，本質を得た鋭い考えもあれば，本質ではない考えもあるだろう。しかし，そのような考えがあるからこそ，「それは正しいのだろうか」「どうしてそのように考えたのだろうか」といった反省的推論が促されるわけである。第1章で述べた，たたき台を検討・修正していく考えは，まさに直観を生かした思考として解釈することができる。最初から筋道立った考えができるのではなく，直観を大いに働かし，それを反省的に振り返ってみる中で，徐々に筋道だった考えへと洗練されていくといった捉えが大切である。

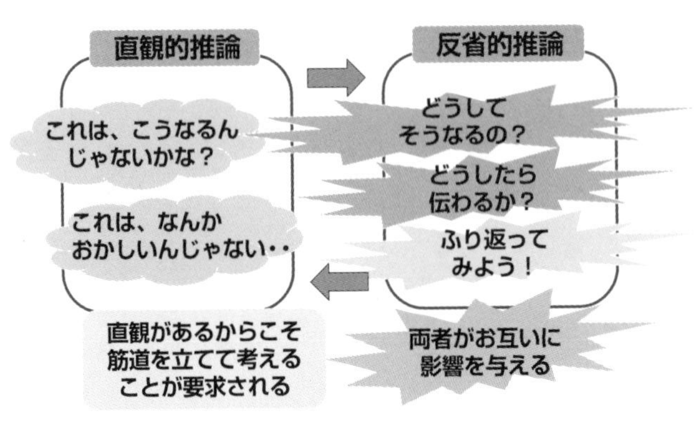

図 2-3　直観的推論と反省的推論の関係

(3) 推論様式としての類推，帰納，演繹

次に，推論様式としての「類推」「帰納」「演繹」について説明しておこう。これらは，生徒が数学的知識を獲得する上でも重要な役割を担っている。推論様式「AならばB」に関連付けて言うと，Bという結論を導くためにAという根拠が特定され，AからBという結論を見通すことのできた段階において，その理由の厳密性を吟味していくことに焦点が当てられる。少し乱暴な言い方になるが，「よく似ているから」という理由であれば類推になり，「いくつかの場合，そうであるから」という理由であれば帰納になり，「誰もが認める事実から導かれるから」という理由であれば演繹となるわけである。ちなみに，広辞苑（新村，1993）を見ると，この三つは次のように述べられている。

> **類推**：類似点に基づき他のことをおしはかること。二つの特殊的事例が本質的な点において一致することから，他の属性に関しても類似が存在すると推論すること。似たところをもととして他のことも同じだろうと考えること。
>
> **帰納**：特殊な事実から一般的結論を導き出す推理。…（略）… 帰納的推理は通常比較的少数の事例しかとらないから，結論は蓋然(がいぜん)的にすぎない。しかし事例を慎重に選べば相当確実な結論を導き出すことができるし，自然の斉一性を前提とすれば自然科学では必然的判断と同等視される。
>
> **演繹**：前提された命題から，経験にたよらず，論理の規則に従って必然的な結論を導き出す思考の手続き。三段論法はその典型。

(4) 類推・帰納・演繹と直観的・反省的推論との関係

もう一つここで述べておきたいのは，類推・帰納・演繹という三つの推論が，すべて反省的推論ということではないという点である。帰納的な発見ということがある。帰納的な発見を直観的推論と位置付けるならば，演繹が反省的推論という位置付けになる。類推が直観的推論になることがあるし，帰納が直観的推論になることもあるということである。1つの例として，一辺の長さと正方形の面積の関係を取り上げよう。私も驚いたのだが，ある比例の授業（比例ではない例との対比）を見ていたときに，ある子どもが大きな声で騒ぎ出した。「先生大発見したよ」と言うのである。**表2-1**を眺めながら，「この1，1，2を足すと4になる」というのだ。さらに「2，4，3を足すと9」「3，9，4を足すと16」になるという。**表2-1**を見て，この発見の意味がおわかりであろうか。

表 2-1　比例でない関係

一辺の長さ	1	2	3	4	5
正方形の面積	1	4	9	16	25

教師はねらいと関係ないので，それ以上突っ込んで考えることはなかったが，これは一つの帰納的な発見だといえる。ただこの発見は，具体的な場面での意味が伴っていない。長さと面積を足すことは意味がないからだ。しかし，数だけを追っていくと成り立っている。言い方を変えると，「このような数量関係が成り立つ問題場面を見つけよう」といった問いかけで深めていくことは可能である。

例えば面積で考えると，**図2-4**のように説明がつく。1辺の長さ2のときは，面積が1，1，2の正方形で面積が4の正方形になる。最初（一番左）のものだ。1辺が3のときは，2，4，3で面積が9になる。1辺が4のときは，3，9，4で面積が16になる。このような帰納的な発見がなされると，どんな場合でもいえるのかが問われることになる。反省的推論が引き出されるわけである。そして，文字を用いることによって，次式のように演繹な説明が可能になる。

$$x+x^2+(x+1)=(x+1)^2$$

最初から演繹的に何かを発見するというのは容易ではない。類推，帰納といった直観的に考えることによって発見がなされ，その曖昧さゆえに，演繹的思考が促されることに注意しておく必要がある。

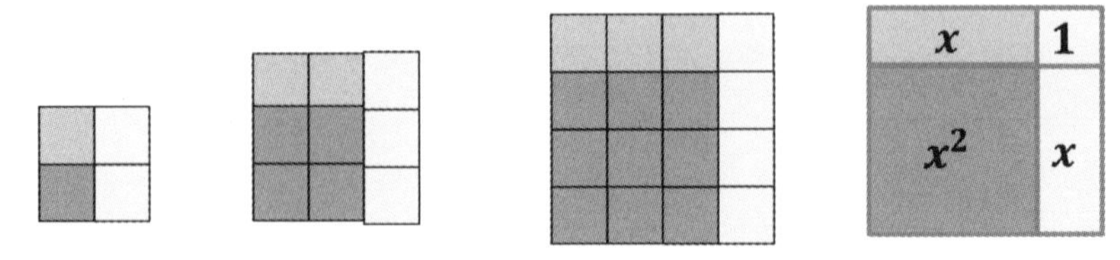

図 2-4　表から発見したきまりが成り立つ理由

2-3 抽象化と具体化

2つ目の思考として，抽象化と具体化を取り上げる。

(1) 抽象化とその指導上の留意点

抽象化は，目的に応じて，直観的で曖昧であった行為を明確化して簡潔に表現したり，複数の事象から骨格となる構造を抉り出したりする行為である。人は，雑他のものがいろいろありすぎるとわかりにくいため，物事の骨格を捉えて簡潔に表現して，物事をわかりやすく整理しようとするわけである。例えば，ものの数を考えているのであれば，目，口，鼻等のある人の絵を描かなくても，○(マル) で済むことに気付く行為である。

ここで注意しなければならないのは，児童・生徒にとっての解決すべき問いがないまま，抽象化がなされていないかということである。思考がある目的を達成するために行われている際は具体的であるが，思考が単にその後の思考に至る一手段として用いられるとき，その思考は抽象的になってしまう。今後の学習の準備のためだけに算数・数学を学んでいるとき，そこでは，何のためにそれを学習しているのかが学習者にはわからない。それは，次の準備のためになされているからである。例えば，意図もわからず文字式の計算の仕方を教え込まれる生徒をイメージすれば理解できるであろう。そこでは，学習者によってなされる抽象化は抽象的であり，何のためにやっているのかがチンプンカンプンなわけである。デューイ (植田訳, 1950, p.226) は，ある知識の構成が具体的な抽象化と抽象的な抽象化のどちらによってなされるかによって，獲得された知識が具体的存在となるか抽象的存在になるかを恒久的に区別すると指摘している。抽象化は，ある目的の達成に向けて，物事をよりわかりやすく理解するためになされる具体的な行為でなければならない。和田 (1997, p.294) は，ヒルベルトの考えを引用しながら，具体的抽象と抽象的抽象とを対比させ，なぜ抽象化をやっているのかがわかる具体的抽象を授業の中で実現していく必要のあることについて言及している。

それでは，具体的に，児童・生徒にとっての抽象化は，どのような目的からどのようになされるのであろうか。児童・生徒にとっての原初的な抽象化を考えたとき，まずは，面倒な雑他のことを捨てて，視覚的・操作的に考えたり説明したりするための別の空間を創ろうとする人間としての行為に注目することができる。我々は，問題が生じているその空間でそのまま考えたり説明したりすることの難しさに直面して，その難しさを解消するために，より視覚的・操作的に思考・説明がしやすい別の空間を創りだし，その空間の中で思考・説明ができるとよいという願望を抱くわけである。そして，別の空間を創る際，問題が生じている空間をそのまま同じ条件で構成することができないことから，関係のないものを捨て去り，問題に影響を与える重要な要因だけを保持できるようなもう一つの空間を構成しようとする。ある問題を図に置き換えて描き，図の中で思考する行為がその最たる例である。

(2) 数学は抽象化を繰り返す

次に，抽象化の特徴として，抽象化は一つの世界から新たな別の世界へと繰り返し行われる点に注目する必要がある。例えば，構造主義的な見方の先駆者と言われているガロアの功績に焦点を当ててみよう。ガロアは，5次以上の代数方程式の可解性についてガロア理論を構築して解決を試みたわけであるが，その手法は従来の代数的な式変形によって導き出すのではなく，「群」という新たな概念を導入することで別の空間をつくり，その中での検討によって解決を試みた。すなわち，代数的な式変形ではもろもろのことを考えていく上で限界が生じることを見通し，それらをもっと議論しやすい対称性に関わる新たな世界を構築し，そこでの議論で証明をなしえたわけである。5次方程式の代数方程式がべき根で解けないことは，既にアーベルによって証明されていたが，ガロアは命題「素数次数の規約方程式がべき根で解けるための必要十分条件は，その根の中から二つの根を任意に選ぶと，他の根はこれらに関する有理函数で表されることである」を証明することで，アーベルの証明を特殊な一例として位置付けた。そして，このような見方の背景には，代数方程式を解くという意味自体のパラダイム変換も見いだせる。すなわち，「代数方程式を解くとは，べき根などの四則演算では得られない数を順次添加していって，次第に有理的に既知な数（四則演算だけで計算できる数）の範囲を広げること，そしていずれは有理的に既知な数の中に求める根を収めてしまうことである（加藤，2010，p.238）」ということである。このような見方には，代数的方程式という数学自体を具体としてとらえ，それを考える上でさらなる抽象化がなされ，対称性に関わる群という新たな世界を創り，その世界で証明できればよいという考えが採用されているのである。「群という道具立てができてしまったら，後は問題の方程式そのものは完全に忘却してよいということなのだ」と述べているように，まさに，群は方程式の解法を抽象化したものであることがわかる。抽象化のよさは，いろいろなものが整理され，覚えなくてもよいこと，忘れてよいことがでてくることにあることに留意しておきたい。

(3) 具体化とは

抽象化について述べてきたが，その逆の言葉として具体化という行為がある。これは，抽象化した内容を抽象化がなされる前の行為に翻訳することである。彌永（2008，pp.74-79）は，この点について次のように述べている。

> ある抽象的な理論をつくるとき，この公理を満足するモデルを考え，そのモデルについて，ただし公理や定理だけを使って，考えをすすめてゆくしかたがとられます。この考え方は学問をつくるのにたいへん有効な方法なのです。
>
> …（中略）…
>
> 具体化して考えるのは，抽象的なものについて考えることを，妨げるどころか，ひじょうな助けとなるわけです。むしろ，それなしに抽象的に考えることは，不可能といってもよいでしょう。

抽象化した世界にバラバラにつくられた数学的知識を関連付け，体系化していくためには，具体化という行為は欠かせない。この点については，第5章で正負の数の加減乗除を具体例として述べていくことにする。

さらに，新たな知識を開発することに加えて，抽象化されたものを具体化することによって本質が見えてくることにも目を向ける必要がある。生徒たちを徐々に抽象化した表現へと高めていく中で，その逆の具体化の活動を積極的に取り扱うことが期待される。文字式等で表現できた生徒には，図表によって表現できないか，絵によって表現できないか，具体物によって表現できないか等を考える場面を設定していく必要がある。このような指導を通して，数学的知識に膨らみが出てくるわけである。文字式等で表現されたことを具体化して表現することは，既に解決できた生徒たちにとっては発展課題であると共に，未だ解決できていない生徒にとってはわかりやすい表現となり，抽象的表現と具体的表現とをつなぐ学び直しの場である（池田，2009）。ただし，未だ解決できなかった生徒には，ただ聞いて頷くだけでなく，どこまでわかるか，わかりにくいところはないか等を明確にできる力を身につけさせる必要がある。両者が発信することで共に学ぶという点が，生徒たちのやりとりの評価の観点となる。

2-4 一般化と特殊化

3つ目の思考として，一般化と特殊化を取り上げる。

(1) 一般化

考える対象を明確にしておかないと，適用できない場面にも平気で適用してしまうことがある。例えば，方程式を解くに当たって，「分数がでてきたら，まず分母を払う」といったことが指導されるが,「分母を払う」だけが定着してしまうと，文字式の計算においても分母を払ってしまったり，分母を払わない方が計算の工夫ができる問題でさえ，何の躊躇もなく分母を払ってしまったりする生徒がでてくる。

また，考える対象が曖昧であれば，仮定を設定して，考えている対象を明確にすることが重要である。そして，考える対象が明確になったとき，そこで終わるのでなく，もっと広い範囲で適用できないかを考えていくことが奨励される。ある考えが見いだされたとき，それがある特定の場面だけでの適用であればもったいないわけで,『与えられた一組（a class）の対象の考察からそれを含むより大きな組の考察に移ること（Polya, 1954；ポリア著柴垣訳, 1959）』が奨励されるわけである。これが一般化である。

そして，広げて考える上で大切にすべき点は，どの範囲までであれば適用でき，どの範囲から適用できなくなるのか，その境界を明らかにすることである。これは，獲得した知識の適用範囲を明らかにするにとどまらず，さらなる拡張の考えへと進展させる上でなくてはならない段階である。

(2) 特殊化

それでは，特殊化はどうであろうか。特殊化とは,『与えられた一組の考察からそれを含むより小さな一組の対象の考察に移ること（Polya, 1954；ポリア著柴垣訳, 1959）』である。例えば，図形の合同・相似では，全ての一般的な図形の合同条件・相似条件を考えることが難しいことから，もっとも単純な三角形から考えているわけである。特殊化する上で重要な点は，特殊な場合と一般的な場合とがどのような関係になるのかを問うことにある。特殊な場合が一般的な場合の本質（核）になっているか，特殊な場合と一般的な場合とが構造的に同型になっているか等を吟味することが肝要である。例えば前者では,「円の中心角は同じ弧の上に立つ円周角の２倍であること」を，１つの弦が中心を通る特殊な場合で考えれば，それを基に，そうでない場合も考えることが可能になる。後者の例では，組み合わせnCrの公式は，特別のよりやさしい，例えば，n＝４，r＝３の場合について考えればよいことがわかる（古藤, 2011）。

(3) 一般化と特殊化に関わる指導上の留意点

実際の指導では，ここで述べた一般と特殊という視点を持って教材を分析し指導しないと，生徒にとっては，問いの飛躍した授業になってしまうことがある点に注意する必要がある。例えば，直角三角形の3辺の長さの関係を調べる際，それは与えられた一つの直角三角形においてのことなのか，3辺の長さが異なるいろいろな直角三角形についてのことなのか，ということである。ややもすると，クラス全員に同じ直角三角形を配付して特殊な場合を考えさせながら，結論では，一般的に結論づけてしまう場合がある。「他の場合でも，同じようにできるのだろうか」といった具合に，徐々に対象とする適用場面を広げていき，その上で,「どんな場合でも，＊＊＊＊といえるだろうか」といった一般的な問いへと導いていく必要がある。

また，一般化する際には，生徒にその動機付けを明確にわかるようにすることが大切である。例えば，2次方程式についていえば，平方完成して解決する経験を豊富にさせることである。そういう経験をする中でこそ，面倒さを体感すると共に，もっと簡単にできないかなと公式を欲するものである。公式というのは，料理にたとえるならば，レシピづくりである。一回しかつくらない料理に対して，わざわざレシピをつくり残しておく必要はない。何回もつくるからこそ，レシピをつくる必要があるわけである。数学における公式づくりもしかりで，「何回も同じことを考えて，煩雑な計算をするのは大変だから，公式としてまとめておこう」という気持ちが生じたところで，はじめて公式づくりに意味が出てくるわけである。このような流れをつくりつつ，「特殊な」場面と「一般的な」場面を区別して順次指導していけるように配慮する必要がある。

2-5 数学的思考の関連性

最後に，数学的思考の関連性について言及しておきたい。

(1) 一般化と抽象化の相補性

まずは，一般化と抽象化であるが，これについて大野（1974）は，一般化というのは内包を一応固定しておいてそれに応じる外延をさらに拡大する考えであるのに対し，抽象化は外延を一応固定しておいて内包を明らかにするという意味で，両者は，相補的な関係になっていることを述べている。このような捉えは，授業をしていく中でも，念頭に入れながら指導していくことが大切だと考える。小学校算数の例だが，平行四辺形の面積を求めるときに，長方形で考えればよいと気付く。他の図形でも長方形に変形することで求められないかというような一般化の方向で図形を考えていくと，三角形も長方形でできる。四角形はどうだろう，五角形はどうだろう。ここまでくると長方形を基にしてもできなくなる。このあたりから，三角形の面積公式に再び光が当たってくる。三角形の方がよさそうだと。そうすると，また逆戻りしていって，平行四辺形だって三角形が2つで大丈夫だということに気付く。考える対象を広げつつ，本質を抽象化することによって，新たなことが見えてくるわけである。だから，外延を広げていくのだが，広げたときにはもう一回本質（内包）をしっかり見極めようという抽象化が大切になってくる。

(2) 拡張・統合という抽象化

もう一つ，抽象化，拡張・統合，一般化との関係について言及しておきたい。それは，拡張・統合は抽象化の一つとして見ることができるという点である。これらは共通に内在する本質を抉り出す行為であり，外延を固定して内包を明らかにしていく方向で新たな概念が生み出されるからである。内包を固定して外延を明らかにしていく一般化とは異なり，拡張・統合が抽象化に位置付けられる所以である。ただし，拡張・統合では，一度つくられた複数の数学的知識の間に，さらなる共通点を見いだすという点に焦点を当てていることに留意する必要がある。

第２章の引用・参考文献

アダマール，ジャック著，伏見康治・尾崎辰之助・大塚益比古訳(1990)．『数学における発明の心理』，みすず書房．

Alter, Adam L., Daniel M. Oppenheimer, Nicholas Epley and Rebecca N. Eyre (2007), Overcoming Intuition: Metacognitive Difficulty Activates Analytic Reasoning, *Journal of Experimental Psychology* Vol. 136, No. 4, pp.569-576.

Evans, Jonathan St. B. T. (Ed) and Frankish, Keith (Ed) (2009), *In two minds: Dual processes and beyond*, New York, NY, US: Oxford University Press. xii, 369 pp.

Evans, Jonathan St. B. T. (2009), How many dual-process theories do we need? One, two, or many? In Evans, Jonathan St. B. T. (Ed) ; Frankish, Keith (Ed), *In two minds: Dual processes and beyond*, (pp. 33-54). New York, NY, US: Oxford University Press, xii, 369 pp.

デューイ著，植田清次譯 (1950)．『思考の方法』，春秋社．

彌永昌吉(2008)．『数学のまなび方』，ちくま学芸文庫．

池田敏和(2009)．「多様な表現力を育成するー抽象化と具体化を交互に取り扱うー」，『数学教育』No.625，明治図書，pp.91-96.

片桐重男(1988)．『数学的な考え方の具体化』，明治図書．

加藤文元(2010)．『ガロアー天才数学者の生涯ー』，中央公論新社．

古藤怜(2011)．「座右の書，数学教師人生を変えたこの一冊，数学における発見はいかになされるか1，帰納と類比，G.Polya著／柴垣和三雄訳，1959年，丸善」，『数学教育』，No.642，明治図書，pp.100-101.

Mercier, Hugo and Dan Sperber (2009), Intuitive and reflective inferences, In Evans, Jonathan St. B. T. (Ed) and Frankish, Keith (Ed), *In two minds: Dual processes and beyond*, New York, NY, US: Oxford University Press, xii, 369 pp.

中島健三(1981)．『算数・数学と数学的な考え方』，金子書房．

大野清四郎(1974)．「抽象化・一般化」，中島健三・大野清四郎編著，『現代教科教育学体系4　数学と思考』(pp.131-148)，第一法規．

ポアンカレ，アンリ著，田邊元訳(1927)，『科学の価値』，岩波書店，p.36.

Polya,G.(1954). *Mathematics and Plausible Reasoning Vol.* I, II, Princeton University Press.

ポリア，G.著，柴垣和三雄訳(1959)．『帰納と類比』，丸善．

新村出編(1993)．『広辞苑第四版』，岩波書店．

都立教育研究所 (1969)，『数学的な考え方に関する研究(小学校)』，東京都立教育研究所紀要第1号．

和田義信(1997)．『講演集(2) 考えることの教育』，東洋館出版社．

第3章 理論編 複数の考えを関連付け，理解を深める

数学教育の中では，「できる」ことと「わかる」ことは区別される。両者を評価の観点に照らし合わせたとき，前者は技能であり，後者は理解になる。第3章では，数学的活動を通してより深く理解することに焦点を当て，複数の考えを関連付けていくことについて考察する。

3-1「わかる」とは，相対的である

たとえ計算して答えが出せたとしても，それがわかっているかどうかは別物である。「できる」に対して「わかる」というとき，「なぜそうなるのか」「どういう意味なのか」「いかに使えるのか」「どのような場面で使えるのか」等が問われることになる。例えば，次の因数分解ができるようになったとしても，なぜそうなるのか，また，これがどのような意味なのかがわからない場合がある。

$$x^2-y^2=(x+y)(x-y)$$

この公式を暗記して，機械的に因数分解できたとしても，理解といった点から見たとき，これでは不十分ということになる。xとyにいくつかの数を代入して成り立つかどうかを探る行為によって，成り立ちそうなことを確認したなら，そこでこの公式に対する理解が深まったということになる。また，$(x+y)(x-y)$を展開することで，因数分解が正しいことを導くことも，理解を深める行為として解釈できる。しかし，それでもしっくりとこないと思うかもしれない。その思いは，より深い理解を要求しているという表れであり，生徒たちに期待したい態度だといえる。図形的には，どんな意味があるのだろうかと考えることがその一つの方向である。例えば，35^2-15^2の場合で考えて見よう。**図3-1**のように，2乗の差を面積の差と解釈することで，**図3-2**のような変形が可能になり，なぜ，和と差の積になるのかが見えてくる。理解がさらに深まるわけである。

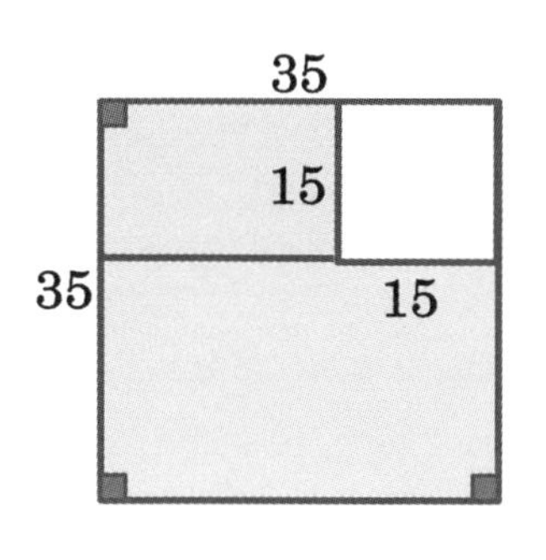

図3-1　面積の差として捉える

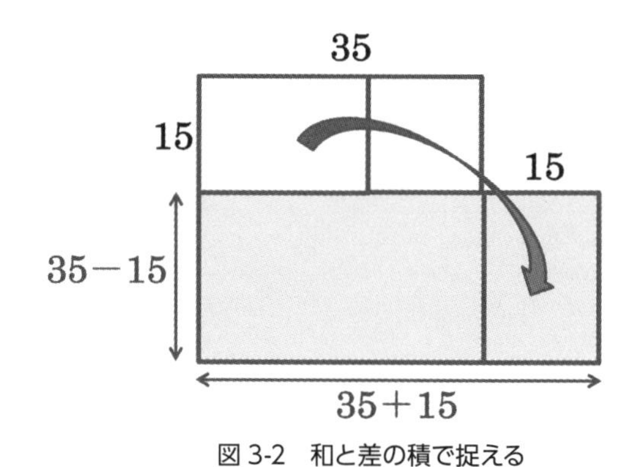

図3-2　和と差の積で捉える

このように，「わかる」という行為は，相対的であることがわかる。「わかった」と思ったとしても，さらなる深い理解が潜んでいることに注意しなければならない。言い換えるならば，分かったと思ったとしても，さらなる深い理解がそこに潜んでいるのではないかという思いを持ち，それを求めていこうとする態度が期待されるわけである。それでは，より深い理解というのは，どのようなものなのであろうか。

3-2 理解を深める視点1：nonAの明確化

一つ目の視点として，nonAの明確化について述べる。

(1) non Aを明確にすることでAの理解を深める

和田（1997，p.261）は，「Aを理解するというのは，Aだけで理解できるものではなくて，そこに必ずnonAがある。そのnonAをよく見ると，実は，それは一つにまとめられる。そのときにAについての理解ができるのです」と述べている。

Aに対するnonAの有効性は，数学教育に関わらず，いろいろなところで遭遇できる。私の体験談であるが，日本の授業研究が脚光を浴び始めた頃，日米の授業研究が盛んに行われた。そんな折，米国の先生から「日本の授業の特徴は何ですか」と聞かれたことがあった。そのとき，日本の授業はよく参観しているつもりであったが，日本の授業の特徴といわれると，何が際立った特徴なのかを述べることができなかった。しかし，米国の授業をいくつか参観する中で，米国の算数の授業では，子ども同士の学び合いがほとんどなされていないことに気が付いた。米国の数学のカリキュラムは州ごとに異なるため，一般論でこのようなことを述べることはできないが，そのとき，「そうか，日本の授業の特徴は，学び合いを活発に行っている点にあるのではないか」という思いを持てるようになった。私がここで何が言いたいかというと，日本の授業の特徴は，日本の授業だけを参観していても答えられず，米国の授業を参観し，両者を対比することではじめて見えてきたということである。すなわち，nonAを明らかにすることにより，はじめてAの理解が深まってくるということである。Aの理解において，nonAの理解が有効に働くことが確認できる。

(2) 間違いをnonAとして捉え，理解を深める

「生徒がなるべく間違わないようにするには？」という方向から指導を考える場合がある。そこでは，間違いは排除すべき悪しきものといった解釈が根底にある。しかし，その間違いは，Aに対するnonAであり，両者があるからこそ，その境界が明確になるという点に注意を払わなければならない。例えば，図3-4にある図形を三角形だと捉えると間違いになる。しかし，図3-3にあるような図形だけを見せて，「これらを三角形と言います」という指導をしていても理

解は深まらない。図3-3と図3-4の両方を見せて，「図3-3は三角形と言いますが，図3-4は三角形とは言いません」という指導を行うとどうであろう。nonAである「おにぎり形」があるおかげで，「三角形は尖っていなければならない」という点が顕在化されることになる。すなわち，境界が明確に見えてくるわけである。境界が見えない理解に対して，境界が見えている理解は，明らかにより深い理解ということができる。

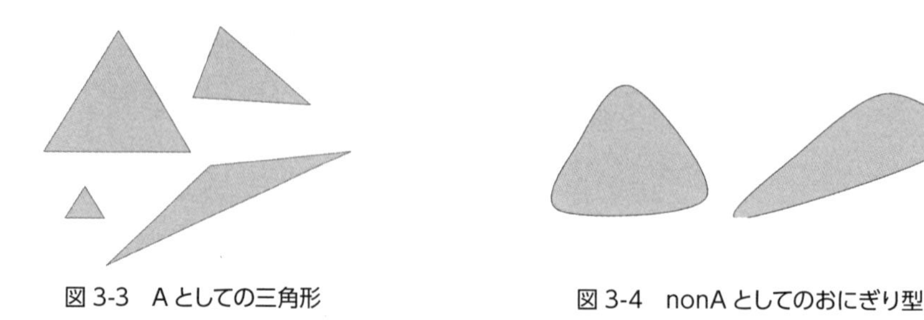

図3-3　Aとしての三角形

図3-4　nonAとしてのおにぎり型

(3) 合同条件の理解を深めるためにnonAを生かす

中学校数学の内容でも，このような理解の仕方を強調していきたいものである。例えば，三角形の合同条件では，次の3つが指導される。

① **3組の辺がそれぞれ等しい**

② **2組の辺とその間の角がそれぞれ等しい**

③ **1組の辺とその両端の角がそれぞれ等しい**

三角形の合同条件は，三角形が一つに定まるがゆえに，2つの三角形は同じと言わざるを得ないといった論理で導かれる。それゆえ，三角形の6つの構成要素（3つの辺と3つの角）のいくつが定まれば，三角形が一つに定まるかを議論していくことになる。なるべく少ない構成要素で三角形が決定すればよい点に留意すると，1つ，2つの構成要素では，三角形は一意に定まらない点を確認する必要がある。そして，構成要素3つではどうかと考えていくと，「3辺がそれぞれ等しい」「2辺と1角がそれぞれ等しい」「1辺と2角がそれぞれ等しい」が導かれることになる。ここで，「どうしてこの3つが合同条件ではダメなのか」が気になってくる。前述①②③の3つの合同条件のnonAを考察対象にしているわけである。

「2辺と1角がそれぞれ等しい」場合については，反例（図3-5）がすぐに見いだされるが，「1辺と2角がそれぞれ等しい」に関しては，生徒の中には，2つの角度がわかるともう一つの角度もわかるから，これでもよいのではないかと考える生徒も多い。しかし，いろいろな場合を考えていくと，1辺と2角が与えられても，合同とはいえない場合のあることに気付く。例えば，図3-6を見ていただきたい。この図より，2角と1辺が与えられても，合同にはならない反例が見いだせる。

ここで，なぜ「2辺と1角が等しい」，「1辺と2角が等しい」ではだめなのかを考える際，両者の違いに注意する必要がある。両方とも，辺の長さ，角度だけが与えられた場合は，二つの三角形ができてしまい，三角形が一つに決定しないことから否定されることになる。

しかし，辺の長さと角度が記号化を伴って提示されたとき，両者の扱いは異なってくる。例え

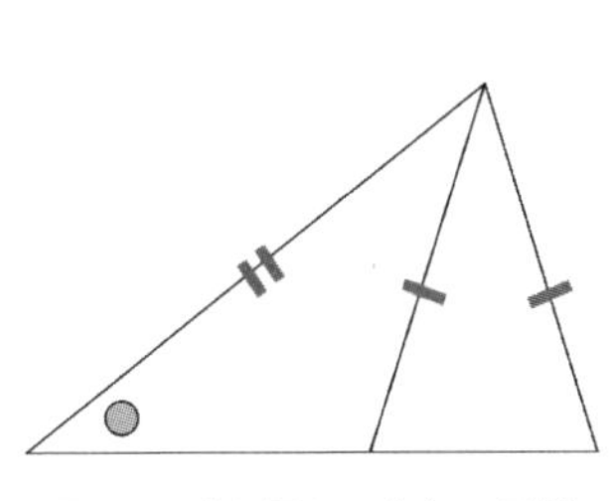

図 3-5 「2 辺と 1 角」の反例

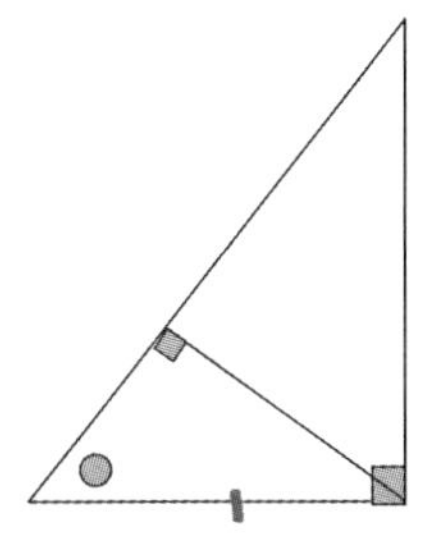

図 3-6 「1 辺と 2 角」の反例

ば，「1辺と2角が等しい」に関して（図3-7），「△ABCと△DEFにおいて，AB = DE，∠B = ∠E，∠C = ∠F」といった具合に，対応する辺，角が明示されて表現されると，二つの三角形は合同だといえる。しかし，「2辺と1角が等しい」に関しては（図3-7），「△ABCと△DEF'において，AB = DE，AC = DF'，∠B = ∠E」のように，対応する辺，角が明示されても反例が見いだせる。ただし，もう一つ条件を付け加え（図3-8），∠B，∠Eを構成している辺AB，DEがそれぞれ辺AC，DFより短いとすると（AB＜AC，DE＜DF），図形が一つに決定され合同条件になる。

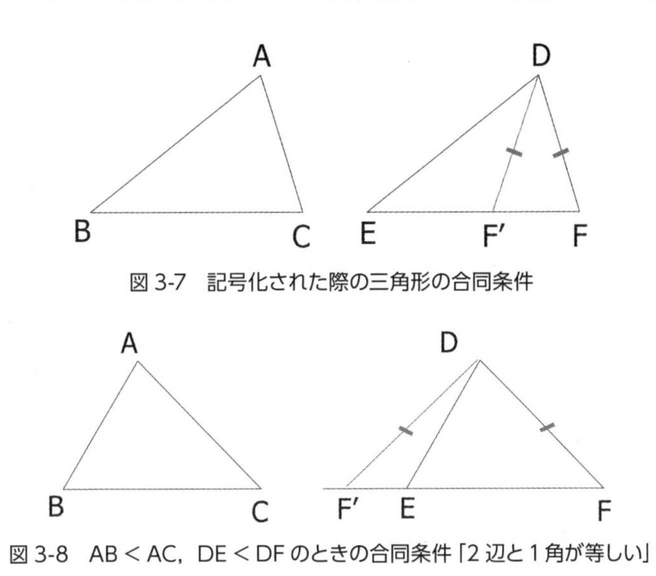

図 3-7　記号化された際の三角形の合同条件

図 3-8　AB＜AC，DE＜DF のときの合同条件「2 辺と 1 角が等しい」

さらに，図3-5の反例を凝視したい。この反例は，どのような三角形でも存在するかを考えてみよう。そうすると，この反例は，直角三角形以外において生じるものであることが見えてくる。直角三角形であれば，2つの等しい辺をつくることができないからである。このような検討により，直角三角形であれば，「2辺と1角が等しい」という条件でよいことが見えてくる。これは，直角三角形の合同条件の「斜辺と他の1辺がそれぞれ等しい」に対応していることになる。

このように，nonAを探ることで，なぜこの3つが合同条件になっているのかの理解が深まると共に，なぜ直角三角形の合同条件が三角形の合同条件と異なるのかを理解することができる。なぜ間違いなのかを理解することで，正しいことと間違いとの境界がはっきりとして，理解が深まることになるわけである。

(4) 間違いリサイクル

このように考えたとき，例えば，「間違いリサイクル」といったテーマで取り組む授業を1単元に1回くらいのペースで取り扱っていくことを推奨したい。授業や宿題の中で，生徒の間違った考えをためていき，「どこが間違っているか，なぜ間違ったのか」ということをテーマに授業を行うのである。例えば，次の2つは，どうであろう。「どこが間違っているか」，また，「どうしてそうしたか」がわかるだろうか。

例1．次の計算をしなさい。

$$\frac{1}{4}(x-8)+\frac{1}{2}(x-4)=(x-8)+2(x-4)=3x-16$$

例2．関数 $y=\frac{1}{4}x^2$ で，xの変域が$-2\leqq x\leqq 4$のときのyの変域を求めなさい。

$x=-2$のとき，$y=\frac{1}{4}(-2)^2=1$

$x=4$のとき，$y=\frac{1}{4}4^2=4$

以上より，yの変域は，次のようになる。　$1\leqq y\leqq 4$

これら2つは，生徒がよくやる間違いの例である。これらの間違いは，生徒全員で何がおかしいかを探り，どうしてそうしたのかを解釈していきたい。**例1**では，方程式の解法を学習した後に出てくる間違いであり，「方程式では，分母を払ってから計算すると計算しやすい」というテクニックを用いたわけである。なぜ間違いかを検討・修正することにより，「方程式では」という点が顕在化されることになる。ある数学的手法を身につけたとき，それが「どのような場面であれば」使用できるのかに目が向かない場合がある。どこでも適用してしまうことで間違いになるわけである。間違いを検討することで，「どういうときに」「どの手法が使えるか」の両方が大切であることを生徒たちに確認させることが可能になる。

例2も同様で，例えば，xの変域が「$1\leqq x\leqq 4$」であれば，このやり方で正しくなる。すなわち，単調増加であれば，xの最小値と最大値を代入して，yの変域を求めればよい。しかし，単調増加でない場合，すなわち，最大値・最小値が変域に含まれる場合は，使用できないことを確認することができる。

生徒から，「それはよくやるよ」等の言葉がでてきたら，しめたものである。「よくある間違いは，ためになるね。みんなもためになる間違いを探してみよう。自分の中からでも，友達の中からでも，自分で考えてもいいよ」といった投げかけをすることを通して，生徒の中で間違いが肯定的なイメージに変わることが期待できる。「間違いははずかしい」といった価値観から，「間違いはためになること」，さらに言えば，「理解を深めるには，間違いはなくてはならないこと」といった価値観へと変容させることができれば，授業の中で活発な意見交換が期待できると共に，生徒の知識・技能の理解も深まることになる。これは，学び方の学習にもつながっていくものである。

(5) 線形的な理解から構造的な理解へ

このように，正しい，間違いをセットで理解することで，線形的な理解から構造的な理解へと導かれる。例えば，相鉄線の星川駅から区役所までの行き方を聞かれたとき，電話であれば，図3-9のような説明になる。このような説明は，その説明の通りに進んでいるときはうまくいくが，少し道に迷ってしまうと，もはや役にたつことはない。それに対して，図3-10のような地図による説明はどうであろう。区役所にいく方法が複数あることが理解できると共に，少々道に迷っても，どのように行き方を修正すればよいかも示唆してくれる。理解の仕方もしかりである。線形的な理解では，その理解の仕方に従っている場合はうまくいくのであるが，他の方法の可能性，複数の方法の関連性等が見えない。地図のように，いろいろなものを関連付け，ネットワーク化した構造的な理解を試みていく必要がある。

星川駅の改札を右に
曲がって階段をおりる。
川をわたって，信号を右に
曲がると，
保土ヶ谷区役所

図 3-9　電話での線形的な理解

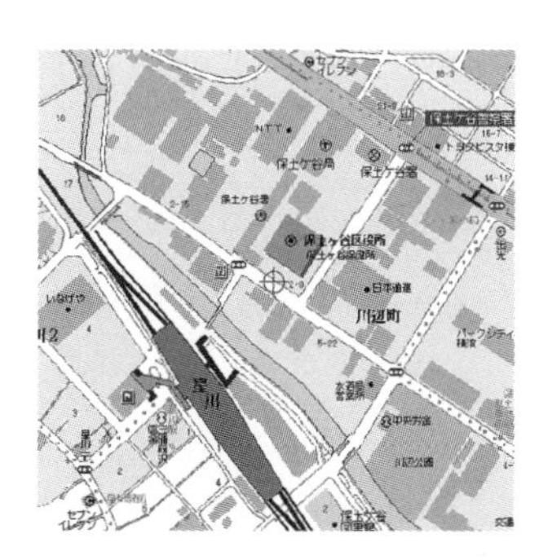

図 3-10　地図による構造的な理解

3-3 理解を深める視点2：複数の考え・表現を関連付ける

二つ目の視点として，複数の表現を関連付けることについて述べる。わかるという立場から考えたとき，図3-10に示すように，星川駅から区役所へは多様な行き方があることに目を向けることが必要である。終着点は同じでも，複数の見方・考え方，多様な表現が存在するわけである。一つの考えや表現だけで満足することなく，複数の考えや表現があることを知り，それらを関連付けることで，理解を深めていくことが肝要である。

(1) 複数の式をよむことで理解を深める

例えば，図3-11のような2変数のマッチ棒の問題を考えてみよう。横方向にx個の正方形，縦方向にy個の正方形があるとき，マッチ棒の数は，どのように表せるだろうか。

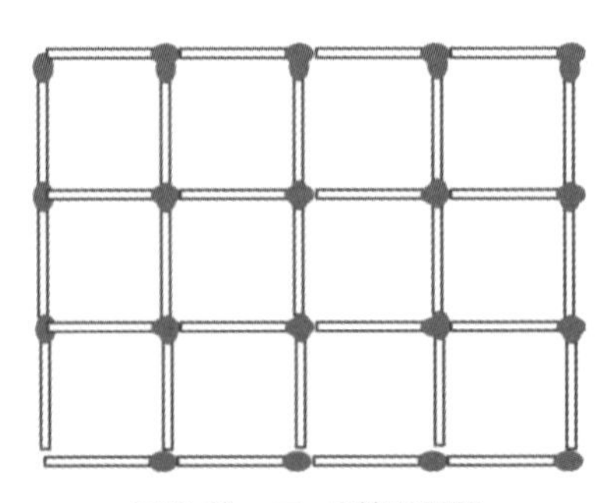

図3-11　マッチ棒の問題

図3-11のような場面では，横に正方形が4個，縦に3個であるから，次のような解答を導くことができる。

$$3\times5=15,\ 4\times4=16$$

$$15+16=31 \qquad \text{答え　31本}$$

具体から入り，横の正方形がx個，縦の正方形の数がy個として一般化していくと，下記のような多様な考えが導かれる。

① $4xy$　② $y(x+1)+x(y+1)$　③ $x(1+2y)+y$　④ $y(1+2x)+x$

⑤ $y+x\{y+(y+1)\}$　⑥ $x+y\{x+(x+1)\}$　⑦ $4xy-x(y-1)-y(x-1)$

これらの結果については，生徒にどのように考えたかをよませるようにしたい。よむこと自体に意味があるし，他の生徒の考えを追体験することができる。例えば，①は誤答であるが，2で述べたように，「なぜそのように考えたのか」をみんなで解釈していきたい。そうすると，正方形には4本のマッチ棒が必要であり，正方形の数はxy個あるので，$4\times xy$と考えたことが解釈できる。この考えは，結果的には間違っているが，この発想にはすばらしい点があることを価値付けしてあげたい。正方形には4本のマッチ棒が必要なこと，また，正方形の数がxy個あることに目を付けた点がすばらしいわけである。ただし，この解法では，重なりが加味されていない。重なりを加味して修正すれば，新たな考えが導かれるということである。重なりを引いていくと，⑦の考えになることがわかる。あるいは，全て2回数えて，あとで2でわるという次のような修正も可能である。

$$\frac{4xy+2(x+y)}{2}$$

また，①から⑦の式を簡単にすると，全て次の式になる。

$$x+y+2xy$$

そうすると，この式になる考え方はないのかがさらなる問いとして生まれてくる。横にx本のマッチ棒，縦にy本のマッチ棒があり，正方形の数に2本のマッチ棒が対応していることがわかる。このように，計算すると同じになるが，それぞれに異なる考えが潜んでいるわけである。このような多様な考えをしてみることが，理解を深める重要な視点といえる。

余談になるが，2次元の世界で考えたマッチ棒の問題を3次元で考えるとどうなるだろう。横にx個，縦にy個，上にz個の正方形があるときのマッチ棒の総数を問題にするわけである。多様な考えが導かれるが，それらを計算すると，次の式が導かれる。この式の考え方をよむことはできるだろうか。

$$x + y + z + 2xy + 2yz + 2zx + 3xyz$$

(2) 複数の世界での表現を通して理解を深める

算数・数学では，学年進行に伴い，図3-12のように，現実的表現（実演）から始まり，具体物による操作的表現（ブロックやおはじき等），絵による表現，図表による表現，数式等に代表される記号的表現へと抽象化していく。

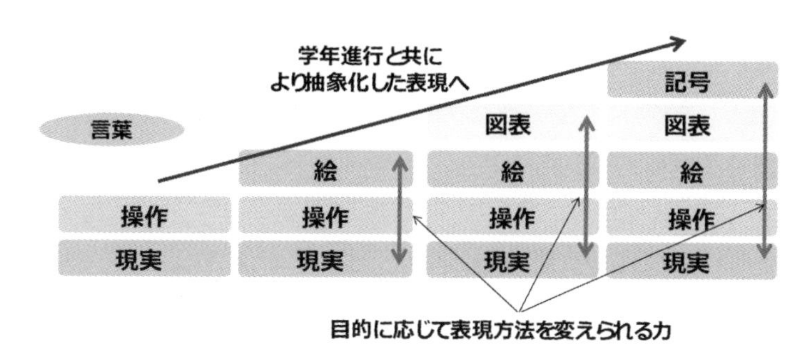

図 3-12　表現方法の抽象化と多様な表現力

抽象化することにより，具体が見えづらくなるわけだが，ケースバイケースで考えていたもろもろのことを捨て去り，本質だけを表現して簡潔に述べることが可能になる。ここで留意すべきことは，生徒を徐々に抽象化した表現へと高めていくことだけで満足してはならないということである。文字式等で表現できた生徒には，図表によって表現できないか，絵によって表現できないか，具体物によって表現できないか等を考える場面を設定していく必要がある。文字式等で表現されたことを具体化して表現することは，既に解決できた生徒たちにとっては発展課題であると共に，未だ解決できていない生徒にとってはわかりやすい表現となり，抽象的表現と具体的表現とをつなぐ学び直しの場にもなる。また，具体化して表現することで，当面した問題の本質が見えてくることが多々ある。図3-12にあるように，一つの内容を複数の世界で表現することで理解が豊かなものになっていく。第2章で述べた具体化のよさである。

(3) 3つの平均とその図形化

例えば,「aとbの平均といったとき，その意味は？」という問いを考えて見よう。文字式を学習していれば，次の3通りの意味が指摘できる（池田，2014)。

$$\text{相加平均：} \frac{a+b}{2} \qquad \text{相乗平均：} \sqrt{ab} \qquad \text{調和平均：} \frac{2ab}{a+b}$$

しかし，このような文字式による説明では，具体的にどのような場面で用いられるのかがわからない。どのような生活場面で用いられるのかを明確にしていくことが必要とされる。日常生活の場面を取り上げると，次のようになる。

相加平均：「A君のテストは，1学期は60点，2学期は40点でした。1学期あたりでならすと（平均すると），何点とったことになるでしょう」

相乗平均：「商品Aの売上数は，昨年は一昨年の4倍，今年は昨年の9倍に伸びました。1年あたりでならすと（平均すると），何倍伸びていることになるでしょう」

調和平均：「A君は，行きは60km/時で進み，帰りは40km/時で進みました。速さをならすと（平均すると），何km/時になるでしょう」

このように，具体的場面を取り上げると，各々の平均がどのように使い分けられるのかを理解することができる。理解の仕方が広がったわけである。さらに理解を深めたい場合には，これらの図形的な意味を解釈するとよい。

半円を取り上げて考えて見よう。図3-13のように，相加平均は，半円の半径を意味しているのに対し，相乗平均は，△ABCの高さ，すなわちADの長さを表している。相乗平均については，図3-14ように，△ABDと△CADが相似であることからxを求めることで導かれる。

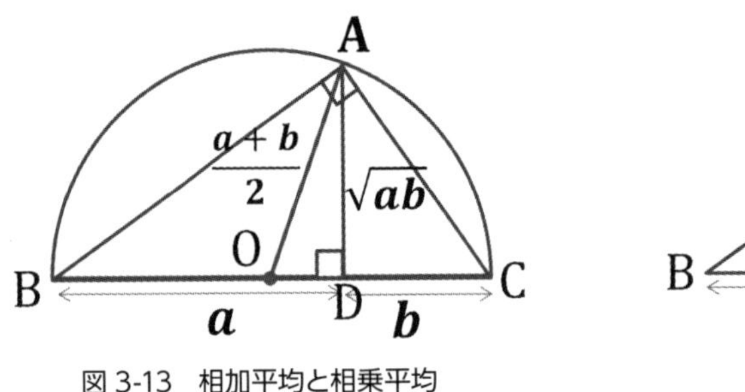

図3-13　相加平均と相乗平均

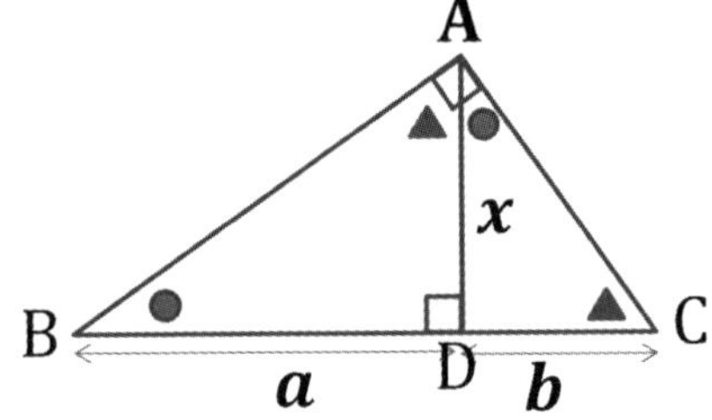

図3-14　相乗平均の解釈

図3-13より，視覚的に，下記のような相加・相乗平均の関係が導かれることがわかる。

$$\frac{a+b}{2} \geqq \sqrt{ab}$$

それでは，調和平均は，この図の中に隠されていないだろうか。結論から言うと，調和平均もこの図の中に隠されている。図3-15におけるAFの長さが調和平均になる。

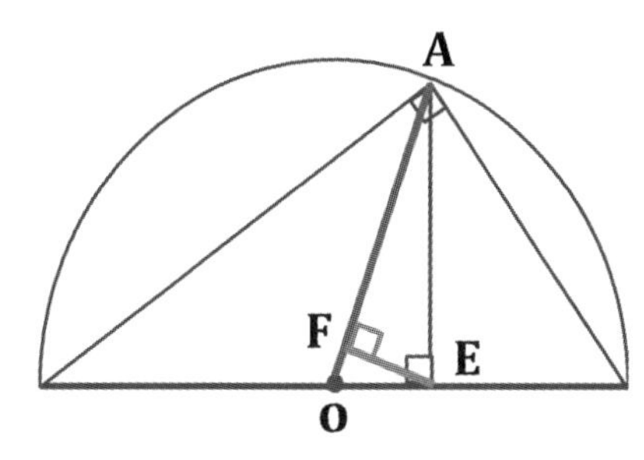

図 3-15　調和平均の図形化

調和平均は，次のように式変形できる。

$$\frac{2ab}{a+b}=\frac{\sqrt{ab}\times\sqrt{ab}}{\frac{a+b}{2}}$$

この式より，次のような式変形が可能になる。この式をもとにすると，2つの三角形の相似関係が見えてくる。

$$\frac{2ab}{a+b}\times\frac{a+b}{2}=\sqrt{ab}\times\sqrt{ab}$$

$$\frac{2ab}{a+b}:\sqrt{ab}=\sqrt{ab}:\frac{a+b}{2}$$

$$AF:AE=AE:AO$$

$$\triangle AEF \backsim \triangle AOE$$

このように図形的に見ることによって，下記の不等式も見えてくることになる。

$$\frac{2ab}{a+b}\leqq\sqrt{ab}\leqq\frac{a+b}{2}$$

わかるといったとき，具体的場面でどうなるのか，図形的にはどのような意味になるのかを考えることによって，理解が深まっていくことがわかる。

第3章の引用・参考文献

池田敏和(2014).『中学校数学科　数学的思考に基づく教材研究のストラテジー24』, 明治図書, pp.82-87.
和田義信(1997).『講演集4(2) 考えることの教育』, 東洋館, p.261.

第4章
理論編

数学を活用して実世界の問題を解決する

数学が実世界からの数学化を通して生まれてきたことを考えると，実世界の問題を数学の世界に翻訳して解決し，その結果を解釈・検討していく活動は，数学的活動の中で強調していきたい核となる活動である。第４章では，具体例を取り上げながら実世界の問題を解決する活動に焦点を当てた数学的モデリングについて説明し，その指導上の留意点について考察する。

4-1 実世界の問題を解決する活動

(1) 北欧への旅にて

真夏に北欧への研修にでかけた。ノルウェーのベルゲン市である。ベルゲン市は，図4-1のように，北緯60度に位置している。

夕方遅く飛行機でついたため，夕食も遅くなり，やっと夜９時半頃にレストランに入った。港町で，とても景観のよいところであった。夕食を終えて外に出ると，なんと，まだ日が暮れていないではないか。いったい今何時なのだろうと思い，時計を見ると，もう10時30分をまわっていた。そうか，北緯60度になると，日没はこんなに遅いんだと思いながら，徐々に暮れていく夕日の写真を何枚かとった。図4-2は，午後10時41分にとった夕日の写真である。

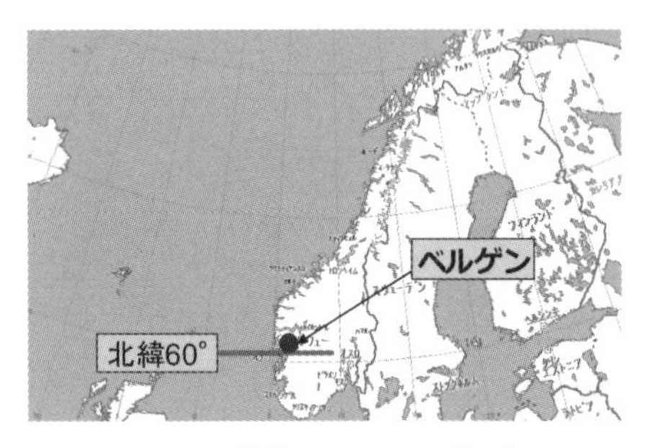

図 4-1　北緯 60°のベルゲン市

図 4-2　午後 10 時 41 分のベルゲン市

夕日はみるみるうちに空を赤く染めていき，ふと気付いたときには，もう太陽は沈んでいた。ここで，一つの問題が自分の脳裏を横切った。それは，ベルゲン市の夜の時間（日没から日の出までの時間）て何時間くらいだろうという問いである。海外に出かけると，面白い問題場面に出会うことが多々ある。なにげない素朴な問いをそのままにしておくのではなく，数学的に解決できないかと考えていくことが肝要である。

この問題は，ベルゲン市に限定せずに考えると，緯度が与えられたとき，その緯度から夜の時間を求めることはできないかという問題へと広げることができる。このように広げて考えると，北緯と夜の時間との関係を関数で表現しようという考えへと至る。しかし，ここで，夜の時間は，地球の傾き具合に影響を受けることに気付く。すなわち，季節によって夜の時間は異なるため，日中が最も長い夏至の日であることを仮定しなければならない。すなわち，地球が23.4度傾いた状態を仮定することになる。このように仮定をおくことにより，単純な場面設定になり，数学的に表現することが容易になるわけである。幾何学的に場面を表現し，途中の解決はここでは割愛すると，緯度と夜の時間との関係は，次のような関数で表現することができる（池田，2013）。

$$y = \frac{2}{15} cos^{-1}\{tan(23.4) \cdot tan\ x\}$$

この関数をつくることにより，北緯が与えられれば，夜の時間が求められる。テクノロジー（カシオのクラスパッド）を用いると，北緯60度では，夜の時間は約5.5時間であることがわかる（図4-3）。この関数の妥当性は，北緯35度の東京の夏の時間を確かめることによって確かめることができる。

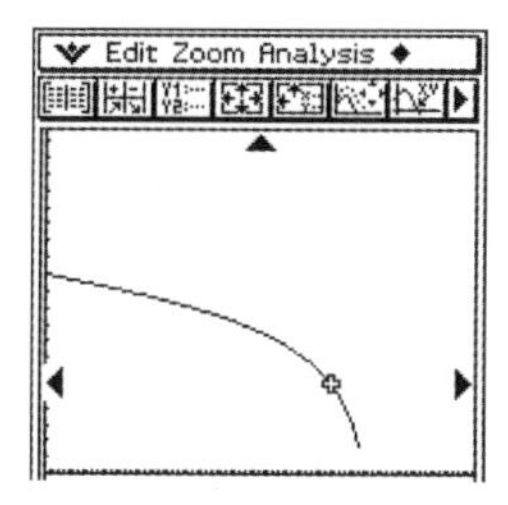

図4-3　夜の時間のグラフ

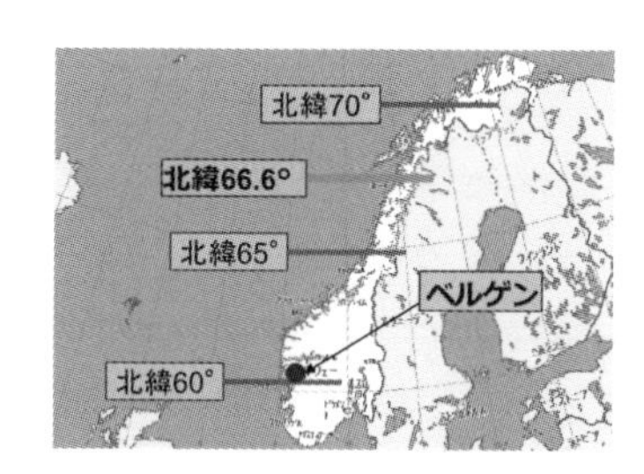

図4-4　ノルウエーの緯度の差

図4-5　日本の緯度の差

また，グラフでxの値を適当に動かしていると，xの値が66.6を越えると，エラーになることがわかる。これは，どういうことだろうか。よく考えてみると，北緯66.6度（地球が傾いている角度23.4度を90度から引いた値）を過ぎると白夜になることから，クラスパッドでは，66.6度を過ぎるとエラーになったのだと解釈することができる。クラスパッドをいじっていることで新たな問題に遭遇し，新たな事実を教えてくれるわけである。さらに，このグラフを眺めていると，もう一つ新たなことにも気付く。すなわち，日本のような北緯35度くらいであれば，緯度が1度増えても，あまり夜の時間には影響を与えないのに，ノルウェーのような北緯60度を超えるところでは，緯度が1度増えると，夜の時間が急激に短くなっていく点である。図4-4，図4-5で示した日本とノルウェーの位置するいくつかの緯度で夜の時間を求めると，表4-1のようになる。

表4-1　北緯と夜の時間

北緯	30	35	40	45	60	65	66
夜の時間	10.1	9.6	9.2	8.6	5.5	2.9	1.8

このように，関数で表現することにより，北緯を知るだけで夜の時間がわかること，さらに，日本とノルウェーとの北緯の変化に対する夜の時間の変化の大きな違いにも気付く。数学的に表現することによって，見えなかったことまで見えてくるわけである。この点が，実世界の現象を数学的に表現するよさということができる。

(2) 数学的モデリング

前述の夜の時間の問題を取り上げながら，実世界の問題の解決過程について説明しよう。出発点は，実世界の問題が生じる場面である。この場面は，単純化，理想化，構造化がなされ，問題解決者の関心に応じて明確化される必要がある。前述の例では，ベルゲン市に行き，なかなか日が暮れないのに驚きを感じ，夜の時間がどのくらいかが気になった。これが実世界の問題が生じる場面である。

実世界の問題は，そのまま解決できれば問題ないが，その解決が息詰まったとき，ひとつの方策として数学化がなされる。すなわち，理想化・単純化等を行って仮定を設定し，そのデータ，概念，関係，仮定等を数学の世界へ翻訳するわけである。前述の例では，ベルゲン市の北緯が60度であることから，緯度と夜の時間という二つの変量を取り出し，その2量にはどのような関係があるのかを探ることにした。また，季節によって夜の時間が異なることから，夏至で考えるという単純化がなされたわけである。

このようにして，最初の問題場面の数学的モデルができあがる。できあがった数学的モデルは，数学的手法を用いて処理される。数学なしでは処理できなかった問題が，数学の世界に翻訳することによって処理できるという点が，数学的モデルをつくる最も大きな長所だといえる。前述の例では，関数モデルをつくることにより，緯度と夜の時間の関係は一次関数（直線）ではなく，緯度が大きくなるに従い夜の時間は急激に短くなることがわかった。

数学的に導かれた結果は，数学の世界での結論であるため，現実場面でそれが何を意味しているのか解釈される必要がある。そして，解釈された結果を現実のデータと照合して，数学的モデルが適切であるかどうか検討する必要がある。夏至における東京の夜の時間との比較，また，北緯66.6度を過ぎると白夜になるかどうかの検証がそれに当たる。

妥当な結論であるならば，これで問題の解決ということになる。しかし，現実は，そんなにうまくいく場合ばかりではない。というより，うまく適合しない場合の方が多い。そのような場合，どこに問題があったのかを緻密に探ってみる必要がある。また，より一般的な場合へと広げて考えていくことが奨励される。前述の例でいえば，夏至の時に限らず，月日をさらに変数として，より一般的な数学的モデルを考えていくわけである。そして，不適切な点，より一般的に考える点が判明されたならば，それを修正・一般化し，妥当な結論が得られるまで繰り返し活動を続けていくことになる。このように実世界の問題が生じる場面から始まって，数学的モデルをつくり，妥当な結論が得られるまで数学的モデルを繰り返し修正していく一連の活動を，数学的モデリングと呼ぶ。

4-2 実世界の問題解決で数学が果たす役割とその思考

実世界の問題と言っても，緯度と夜の時間の問題のような現象の理解をねらいにした問題だけではない。いろいろな種類の問題が存在する。それゆえ，数学の有用性の感得をねらいに設定した際，問題場面に応じて，数学がどのような役割を果たすのかを整理しておくとよい。また，思考力・表現力の育成を念頭においたとき，実世界の問題を解決していく上で，どのような考え方が有効に働くかを特定しておく必要がある。ここでは，数学の果たす役割について言及した上で，どのような考え方が要求されるのかについて述べていくことにする。

(1) 実世界の問題解決で数学が果たす役割

実世界の問題解決で，数学はどのように利用されるのだろうか。その特徴を探ると，主な類型として下記の4点が抽出できる（池田，2002)。実世界における数学の役割を感得するといったとき，これらの類型は，数学が実際にどのように有用であるのかを理解する上で役立つであろう。

① 現象のしくみを理解する

探求心が旺盛であればあるほど，ある現象に対して，「なぜそうなるのか」を理解してみたくなる。このようなとき，仮定を設定して，そのメカニズムを理解するために数学的モデルがつくられる。その数学的モデルによって，うまく現象を説明できるかどうかがポイントとなる。前述の緯度と夜の時間の問題に加えて，「太陽は，どのように動いているか」（太田，1998)，「自分の全身を鏡に映すには，どのくらいの大きさの鏡が必要になるか」（枌元，2000）等がその事例である。数学的モデルの妥当性は，現実の現象や疑似的現実と対比することによってなされる。

② 未知のことを予測する

ある未知の現象を予測するために，入手可能なデータを集め，それを基に，それに適合する数学的モデルがつくられる。この段階では，①の現象のしくみを理解する活動として解釈できる。しかし，ひとたび数学的モデルがつくられると，そのモデルを形式的に処理することによって，未知の現象を予測することができる。例えば，人口論のモデル，サクラの開花予想（杉山他，1998）にあるように，現在のデータからそれに近似する関数モデルをつくり，未来の人口，サクラの開花日を予測するといった事例等がこれに属する。予測された内容は，それが正しいか間違いかだけではなく，何かの判断に対して別の選択肢が考えられること，検討する材料になりうるという点からも評価されるべきである。

③ 最適な方法・解を事前に得る

判断が要求される問題場面に出会ったときは，前もってできる限り多くの想定される場面を考え，最も適した方法・解を探っておくことが有効である。そして，そのような試みのひとつの方法として，数学的モデルがつくられる。数学的モデルができると，形式的な処理によって，最適な方法・解を求めることが可能になる。例えば，缶詰の容器の表面積が一定で体積を最小にする問題（東京理科大学数学教育研究会，1997，pp.8-11），ラグビーのゴールキックの位置を特定する問題（橋本・池田編，1999，pp.69-72），油田装置から精油所までのオイルパイプラインの引き方を考える問題（樋口・細川・池田，1998，pp.87-109）などがそれに当たる。数学的モデルの妥当性は，実際にそこで得られた結果を現実的に，あるいは疑似現実的に行動に移してみることにより検証される。ただし，その検証は，「あのモデルよりこのモデルがよい」といった比較級で記述され，「これが最もよい」という最上級による記述は難しい。

④ 基準を定めて数量化する

社会生活を公平に生きていくためには，誰もが認める合理的な基準を定めることが要求される。このようなとき，数学的モデルによってその基準を表すことが有効になる。曖昧なものを比較可能にしたり，客観的に判断できたりする点が数学的モデルのよさである。例えば，元利均等・元金均等（橋本・池田，1999，pp.62-65），代表者の選出方法（島田，1995，pp.131-138），マラソンの順位づけ（島田，1995，pp.138-139），道路の曲がり具合を数値化する問題（島田，1995，pp.139-140）等，数多くの事例があげられる。つくられた数学的モデルは，価値観，目的の違いによって複数つくられるため，価値観自体を総合的に判断し，その長所・短所を考察することによって，よりよい数学的モデルへと練り上げていく必要がある。

(2) 実世界の問題解決で要求される思考

数学を活用した実世界の問題解決といったとき，数学が実際に用いられるという実用性に焦点が当てられがちであるが，実用性だけではなく，そこで用いられる思考の育成も重要な役割を果たしていることを再確認する必要がある。佐藤（1924，pp.47-48）は，次のように述べている。

> 『例えば数学に関する問題を解くということに依て得た練習効果は数学に関係しない他の問題を解く場合に如何ほど役立つかということは，当面の問題が曾（かつ）て数学に於て練習したところの問題と形式的及び内容的に如何ほどの同一要素を含むかということに依て定まるといえよう。…（中略）…このことは数学的問題に於ける推理に秀でたものが必ずしも法律的問題に於ける推理に秀でないという事実などを思い合わせれば容易に首尾されるであろう。』

実世界と関わりのない数学の問題解決より，実世界の問題を数学的に解決する問題解決の方が，生徒が数学の授業以外で遭遇する問題解決場面との間に同一の要素が多いというソーンダイクの同一要素説を援用した主張がなされている。すなわち，実世界の問題を数学的に解決する活動を取り上げ，そこで有効に用いられる考え方を育成した方が，生徒は実世界でより効果的に獲得した考え方を活用できるようになるという立場である。同一要素説については，さらなる検討・検証が必要だと考えるが，実世界の問題解決における考え方をねらいに設定していく一つの理由になりえるであろう。それでは，実世界の問題解決では，どのような考え方が用いられているのであろうか。本稿では，次の七つの考えを代表的な考え方として取り上げて述べることにする（池田，2004）。

① 問題の本質を捉え表現

実世界の問題は，曖昧な部分が多く，いったい何が問題であるのかが捉えられない。問題の核心に当たる構造を数学的に解決可能な問題へと表現していこうとする考え方が要求される。その際，設定した解決可能な問題と，最初の問題との間に，整合性がとれているかどうかが問われることになる。

② 仮定の設定

ある問題に直面したとき，ある命題を，それが真であるか偽であるかは先送りにし，真であることを前提にして，問題解決を先に進めていこうとする考えである。問題解決者の意図に応じて，少なくても下記の3通りが考えられる。（a）と（b）については，（a）が現実と数学との橋渡しとして設定されるのに対し（理想化），（b）は数学的処理を容易にするために設定される（単純化）。

（a）現実場面を数学の舞台に載せるために設定する仮定。例えば，光を直線と見なしたり，地球を球とみなしたりすること。

（b）数学的処理を促進するために設定する仮定。例えば，全身が映る鏡の大きさを考える際に，鏡と全身とが平行であると仮定して考えること。

（c）仮説としての仮定で，未知を予測するために，事象の観察・推論等によって導かれる仮定。例えば，桜の開花日と気温との関係をグラフにプロットし，点の並び具合から開花日と気温との関係を一次関数とみなすこと。

③ 変数の生成・選択

ある問題場面が与えられたとき，その問題を解決するに当たって，影響を与える変数を特定する必要がある。ただし，いくつか特定された変数の中には，問題解決に決定的な影響を与えるものから，全く影響を与えないものまでがある。それらの変数の中から，相対的に影響を大きく与える変数を選ぶことが要求される。問題場面に関係のある変数を選び出し，相対的に重要な変数を選択していこうとする考え方である。例えば，自動車が通る青信号の時間を決める際に，どのような要因を考える必要があるかといった問題があげられる。

④ 関係（数学的モデル）の生成・選択

問題場面に影響を与える変数において，ある変数は定数とみなす等の変数の制御を行いながら，変数と変数の間の関係がどのようになっているかを理解しようとする考え方である。ある変数の変化に伴って，それに従属するもう一つの変数がどのように変化するかを理解し，表・式・グラフ・図で表現していこうとする考え方である。さらに，ある問題場面に対していくつかの数学的モデルがつくられたとき，最もよい数学的モデルを選ぼうとする考え方が重要となる。明らかに適さない数学的モデルを排除すること，また，場面に応じてどれがよいかを選ぶことが要求される。例えば，あるボトルに単位時間あたり同じ量ずつ水を入れていく。x を時間，y を水の高さとするとグラフはどうなるかといった問題が，変数と変数との間にある関係をグラフで表現する問題である。

⑤ 数学的解決の解釈

つくられた数学的モデル，それから導き出される数学的な結果は，現実場面へと解釈していく必要がある。数学的に解決された結果が何を意味しているのかを解釈していこうとする考え方である。例えば，前述の夜の時間において，x（緯度）が66.6を超えたときエラーが出る理由について，実世界では何を意味するのかを解釈していくことになる。

⑥ 数学的モデル（設定した仮定）の正当化

既存の数学的モデルが，どのような理由から正当であるかを説明しようとする考え方である。なぜそのように仮定を設定するのか，なぜそのように単純化・理想化するのかについて，その理由を正当化できるかどうかが問われる。そして，正当化できない場合は，一部の仮定をより現実的に補正したりして修正がなされる。

⑦ 誤り排除

数学的モデルを，正しいことが確証できない仮定の設定が暗黙の内になされているかもしれないが，今のところ支障がなさそうなので採用しているのだという見方で捉える。意図的に設定した仮定を振り返るのではなく，暗黙に設定されている仮定を見いだし，それを批判的に検討・修正していこうとする考え方である。

4-3 指導目標の設定と教材の取り扱い方

実世界の問題解決を取り扱う際，その指導目標を明確にしていくために，少なくても下記の三つの立場を区別して考えていく必要がある（池田，2005）。これら三つの立場は，優先順位の違いによって区別される。実際の指導では，これらの三つの中の複数をねらいとして設定して指導されることもあろう。ただし，授業を構想する上で，何を第1のねらいとしているかその優先順位を明確にしておかないと，授業の焦点がぼやけてしまう危険性があることに留意する必要がある。

① 数学的知識の構築を主眼

この立場では，実世界の問題を数学的に解決していく活動を取り扱うものの，第1のねらいは，意図した数学的知識の構築におかれる。すなわち，実世界の問題を数学的に解決していく活動が手段として取り扱われる。ここでは，数学的知識を実世界と関連付けてより深く理解すること，数学をつくっていくプロセス，数学の有用性の感得等がねらいとして設定される。

② 実世界の問題を数学的に解決していく活動自体を主眼

この立場では，実世界の問題を数学的に解決していく活動自体にねらいがおかれる。(1) が方法として取り扱われたのに対し，ここでは目標として位置付けられる。実世界の問題解決能力や実世界の問題を数学的に解決する際に有効に働く考え方の育成，また，数学の有用性の感得，数学とは何かを明確にすること等にねらいがおかれる。

③ 数学と他領域との関連付けを主眼

この立場では，数学の知識は数学の中で，他領域の知識は他領域の中で分離して指導するのではなく，両者を関連付けながら指導することが第１に強調される。数学と他領域の知識・技能を関連付け，統合された知識として獲得していくことが期待される。

(1) 指導目標の設定

ここでは，②の立場から，指導目標の設定，教材の選択と問題提示の方法について述べていくことにする。

最も重要で基本的なことは，指導目標に照らし合わせて，また，生徒が用いることのできる知識を考慮に入れて，教材を開発・選択していくことである。言い換えれば，教材が生徒の興味をひくものでも，指導目標が設定され，それに焦点が当たるような教材でなければ，意味がないわけである。数学的モデルをつくったり，分析したりする活動は，オープンでグローバルな活動であるため，指導目標を明確にしておかないと，時間のかかるわりには，生徒が何を学習したかが不明確のまま終わってしまう危険性がある。次の3点を明確にして取り組んでいく必要がある。

(a) どのような中・長期的な指導計画を念頭においているか。

(b) 今回の授業では何を指導目標にするのか。

(c) 設定した指導目標は，中・長期的な指導計画のどこに位置付けられるのか。

例えば，(a) について，次の3段階で指導目標の系列を設定したとしよう（池田，2004）。

① 実世界の問題を数学的に解決する過程を大まかに理解する。

② 実世界の問題解決で有効に働くいくつかの考え方を獲得する。

③ 多様な考え方を総合的に用いて解決する力を獲得する。

その際，本時の授業がこの三つの段階のどこにあるのか，また，本時では，何を指導目標にしているのかを，取り扱う問題の解決過程を分析し，生徒に期待する具体的な活動や発言として特定していくことが肝要である。

(2) 教材の選択と問題提示の方法

指導目標が定まると，取り扱う教材の選択と問題提示の仕方である。教材の開発・選択においては，取り扱う教材に現実性があるかどうかをチェックする必要がある。現実性といったとき，現実場面をドレスアップした疑似現実的な問題もあれば，現実場面で実際に生じた問題もある。また，その問題が生徒にとって理解できるか，生徒の興味の対象にあるかどうか等を検討しておく必要がある。少なくとも次の3点は，評価の観点としてチェックしておくとよい。

(観点1) 問題と現実場面との整合性

与えられた問題の文脈の中に，現実とはかけ離れた仮定や数量はないか。

(観点2) 問題を解決する理由の理解

なぜ問題を解く必要があるのかを理解できるか。問題を解く必然性はあるか。

(観点3) 問題場面と生徒との関連性

問題場面は，生徒にとって馴染みがあるか。生徒は，問題場面をイメージすることができるか。問題場面は，生徒の現在の日常生活に関わることか，将来の日常生活（市民として，職業人として，個人として）に関わることか。将来の場合，どのくらいの生徒がその問題場面に出くわすか。

さらに，どのように問題を提示するかについて触れておこう。実世界の問題解決の授業を行う際，最もオープンなアプローチは，生徒自身が問題を生活の中から見いだし，見いだした問題を数学化して解決していく流れであろう。時間が十分にあること，並びに，生徒にそれなりの力がある場合，なるべくオープンな提示から活動を始めていきたい。しかし，時間に制約がある場合，あるいは，生徒に数学的モデリングの経験があまりない場合は，指導目標を明確にしてクローズドな問題場面を提示していくことが一つの考えである。

具体的には，複数の問題を提示した上で生徒に興味をもった問題を選択してもらったり，問題が生じる場面から取り扱い，生徒と共に理想化・単純化して問題を定式化していったりすることになる。そして，生徒が取り組むべき実世界の問題が特定した段階においても，実世界の問題を数学的に解決していく活動の全過程を取り扱うことに固執することなく，数学的モデリング過程の特定の段階だけを取り扱う方法も併用して考えていくとよい。数学的モデリングで要求される考え方について，7つの考え方を特定したが，そのいくつかの考え方だけに焦点を当てる場面を取り扱っていく方法である。例えば，数学的モデルの正当化，誤り排除を指導目標に設定したとき，生徒に実生活の中で既に知られている事実，あるいは，数学的モデルから導かれた単純な数学的解決等を提示し，生徒にその意味を解釈・分析させていくことが考えられる。例えば，自転車のリフレクターを題材として，その実物と拡大した模型を提示し，その用途を確認した上で，「なぜこのような構造になっているのか」を考えていく展開である（池田，2001）。生徒自身で数学的モデルをつくる活動はないが，与えられた事実や結論が何を意味するのかを解釈し，数学的モデルを批判的に分析していくことが期待されることになる。

第4章の引用・参考文献

橋本吉彦・池田敏和(編著) (1999).『グラフ電卓で数学を！』. カシオ計算機.

樋口禎一・細川尋史・池田敏和(1998).『数学の才能を育てる』, 牧野出版.

池田敏和(2001).「数学的活動とテクノロジーの利用－身のまわりから考えよう－」,『教科研究数学』No.165, 学校図書, pp.2-5.

池田敏和(2002).「中等数学科における数学的モデリング・応用の指導目標に関する一考察」,『日本数学教育学会誌』, 第84巻第5号, pp.2-12.

池田敏和(2004).「数学的モデリングを促進する考え方に焦点を当てた指導目標の系列と授業構成に関する研究」,『日本数学教育学会誌 数学教育学論究』Vol.81·82, pp.3-32.

池田敏和(2005).「数学的モデリングの授業, どこが難しいのか－授業構想における着眼点の検討－」,『第29回日本科学教育学会年会論文集』, 日本科学教育学会, pp.191-194.

Ikeda, T. (2013) . Pedagogical Reflections on the Role of Modelling in Mathematics Instruction, In Gloria Ann Stillman, Gabriele Kaiser, Werner Blum and Jill P.Brown(ed) , *Mathematical Modelling: Connecting to Practice – Teaching practice and the practice of applied mathematics* (pp.255-275) , Springer.

柗元新一郎(2000).「数学的モデルをつくることを通して数学の世界をひろげていく活動－全身の映る鏡の大きさを考える－」,『日本数学教育学会誌』第82巻 第1号, pp.10-17.

太田伸也(1998).「「太陽の動き」を題材とする教材開発の試み」,『東京学芸大学数学教育研究』第10号, pp.31-40.

佐藤良一郎(1924).『初等数学教育の根本的考察』, 目黒書店.

島田茂編(1995).『新訂算数・数学科のオープンエンドアプローチ』, 東洋館.

杉山吉茂他(1998).「高度情報化社会に対応する数学教育カリキュラムの開発に関する研究」,『第31回数学教育論文発表会論文集』, 日本数学教育学会, pp.293-298.

東京理科大学数学教育研究会(1997).『授業を豊かにするグラフ関数電卓実践事例集』, カシオ計算機.

第5章 理論編

発展的な思考に基づく数学的知識の成長

数学が抽象化を繰り返すことで発展したことを考えると，数学的活動のもう一つの核として，数学を発展させていく活動に目を向ける必要がある。第5章では，数学的知識の成長には，累積的な成長と革命的な成長があることを述べた上で，後者の立場から「方法の対象化」による発展，拡張・統合による発展の二つを取り上げる。

5-1 数学的知識の暫定的な性格と2つの数学的知識の成長

数学教育の中で発展的な思考を省みたとき，数学的知識をどのように捉えるかを明確にしておく必要がある。ここでは，数学的な知識が暫定的な性格であること，また，その成長には，大きく分けると二つの類型があることを述べる。

(1) 数学的知識の暫定的な性格

生徒が獲得する数学的知識は，常に暫定的であることについて言及しておきたい。ポパーは，事態の基本的な進化系列を，次のように定式化している（ポパー著，森博訳，1974，p.273）。

$$P_1 \rightarrow TS \rightarrow EE \rightarrow P_2$$

ここで，P（Problem）は問題で，T S（Tentative Solution）は暫定的解決で，E E（Error Elimination）は誤り排除を意味する。生じた問題の解決は常に暫定的なものであり，その解決は不整合が指摘されてはじめて排除される。そして，その結果，新たな問題が提起されることになる。ここで，第二の問題P_2は，一般に，第一の問題P_1とは異なるものであることに注意したい。それは，試みられた暫定的解決とそれらを制御する誤り排除のゆえに生じてきた新しい問題状況の結果だといえる。そして，この基本的図式を基に，暫定的解決の多様性と思考の多様性とを考慮に入れて，図5-1へと発展させ，これを最終的な図式としている。

$$\begin{array}{c} TS_1 \\ P_1 \rightarrow TS_2 \rightarrow EE \rightarrow P_2 \\ \cdot \\ \cdot \\ \cdot \\ TS_n \end{array}$$

図5-1　ポパーの基本的図式

ポパーの図式では，暫定的解決において多様性があるが，そこにはひとつの誤り排除の方法しかない点が特徴である。そして，この過程は，生徒が数学を学習していく中で獲得する数学的知識の性格を規定する上で参考になる。すなわち，生徒が獲得する数学的知識は常に暫定的なもので，「今のところ問題がなさそうだから，受け入れている」といった性格のものだからである。ここには，先生から授かった知識や自分たちで獲得した知識は永久不変のものではなく，問題状況や問題意識が変わると，その知識も変化していくものであるという考えが背景にあるわけである。

しかし，ポパーのこのような反証主義の考えに対して，T. S. クーン（1985, pp.10-39）は，批判的な見解を述べている。すなわち，クーンは，ポパーの考える知識の成長は，コペルニクスやアインシュタインに代表されるような時折生じる革命的業績だけを取り上げ，それを全ての科学に適用しているのではないかと批判した。受容されている理論を革命的に転覆し，よりよい理論へと取り替える知識の成長の他に，受容されている理論を前提に，その理論を部分的に修正していくといった累積的な知識の成長がもう一方で考えられることを主張したわけである。

この2人の論争により，算数・数学学習では，革命的な知識の成長が節目となって要所要所に位置付けられ，その節目と節目の間では，累積的な知識の成長がなされていると解釈することができる。数学的知識は，直線的に一定の割合で成長していくものではないこと，また，数学教育において発展的に考えていくことに焦点を当てたとき，この二つの数学的知識の成長の各々に焦点を当てていく必要性を示唆してくれる。革命的な知識の成長は，児童・生徒にとっては大きなギャップになるが，このギャップは算数・数学の本質を理解する上でなくてはならないものといえる。

(2) 数学学習における累積的な知識の成長

前述の累積的な知識の成長に焦点を当てたとき，問題づくり，「What If Not ?」方略が参考になる。

① 日本における問題づくりと海外における「What If Not ?」方略

日本の数学教育においては，問題の発展的な扱い方による算数・数学の授業に関する研究に焦点を当てることができる。問題の条件を変えることで，新しい問題をつくっていく活動であり，問題づくりの授業と一般的に呼ばれている（竹内・澤田，1984）。問題づくりの授業においては，「解かれた問題は，それが解かれたときに，かならず，新しいいくつかの問題を生んでいる。そのそれぞれが，つぎにあらたに解かれなければならぬ。われわれの認識の過程はこのような問題の提起と解決との，かぎりない連続と考えられる」といった考えを根底においている。ここで注目すべき点は，数学学習が，与えられた問題をいかに解決するかで終始するわけではなく，解決すれば，そこに新たな問題が生まれてくるという点までを含んでいる点である。ただし，その新たな問題というのは，問題を解けば必ず誰にでも明確に見えてくるものではないことにも注意すべきである。いかに問題を発展させていくのかについては，それなりの見方・考え方が育っていなければならない。言い方を変えれば，新たな問題は，いかにすれば見えてくるのかについての指導が要求されるわけである。

この問題づくりの授業に関連して，海外でほぼ同時期に，ブラウン，ワルター両氏により「What If Not ?」(Brown and Walter, 1983) の考えが提唱されている。監訳者あとがきにおいて，平林 (ブラウン・ワルター著，平林監訳，1990) は，このような問題づくりの考えの価値を次のように述べている。

> 相互にあまり関係のない問題を，児童生徒に次々と解かせることをもって，最も効果的な算数数学の学習指導法だとする考え方は，われわれの間では，きわめて根強く定着している。「1番ができたら2番，2番ができたら3番…」というような練習問題の指導法は，ふだんの授業にもっともみられるものであるが，これは，ガッテニョー氏が，かつて「アトミズム (原子論)」と呼んで攻撃した，いわば，バラバラ主義を本質とするものである。
>
> ブラウン，ワルター両氏の“What If Not ?”方式は，このようなバラバラ主義とまったく対蹠的なものである。それは，1つの問題から出発するが，それが解決されたかといって，それでおしまいになるのではない。その問題を手がかりに，次々と新しい問題を自分でつくり出して，それに挑戦していく方式，いわばイモヅル方式である。“What If Not ?”方式はこのような思考展開方法の方式なのである。

② 適用範囲を拡げることで本質が見えてくる

また，このような問題づくりでは，条件を変えて考えることによって，最初の問題の構造が明確に見えてくる点に光を当てる必要がある。適用範囲を拡げる中で，何がいえて何がいえないかが議論になり，共通に内在する問題の構造へと目が向けられることになる。

例えば，三角形の合同条件の応用としてよく取り扱われる次の問題を取り上げよう。

右図のように線分AB上に点Pをとり，AP, PBをそれぞれ一辺とする正三角形APQ，PBRをつくるとき，AR=QBであることを証明せよ。

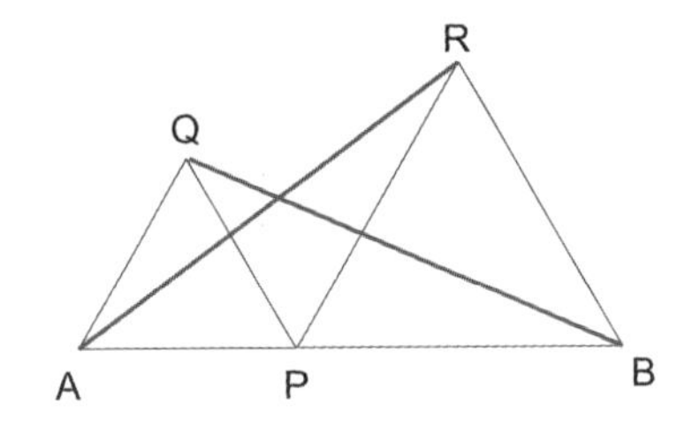

図 5-2　三角形の合同条件の応用における問題

この問題は，AP=QP，PR=PB，∠APR=∠QPBであることから，三角形の合同条件（二辺挟角）により，△APR ≡ △QPBとなって証明される。そして，AR=QBになる場合は，三角形が正三角形でない場合においても適用できないかを考えることにより，発展的に考えることが奨励される。AQ=PQ，PR=BRの二等辺三角形の場合がうまくいくことが容易に見いだせる。それでは，他の三角形はないのだろうか。一見，この場合しかなさそうであるが，証明で用いた「AP=PQ，PR=PB，∠APR=∠QPB」が意味していることをよむことで，図5-3のような二等辺三角形の場合も当てはまることが見えてくる（この教材は，横浜国大附属横浜中の大内広之先生が2015年に実践されたものである）。発展的に適用範囲を拡げて考えることにより，証明で用いた「AP=PQ，PB=PR，∠APQ=∠BPR」が，適用範囲を明確に示していたことが見いだされるわけである。適用範囲を拡げることで本質が見えてくるわけである。

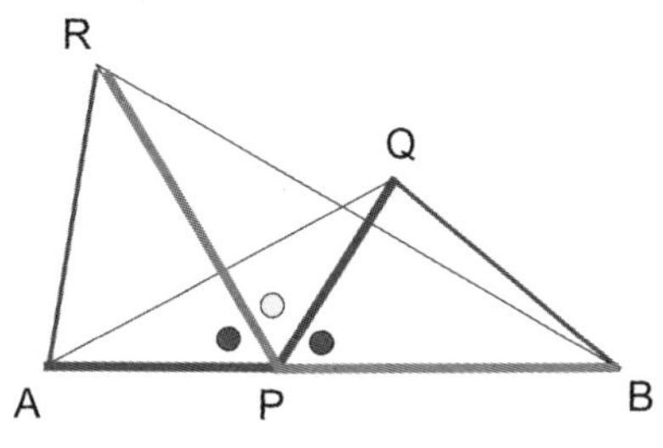

図5-3　定理が成り立つもう一つの場合

そして，証明により定理がより明確化していくという点は見逃してはいけない。証明するという行為により条件が明確になり，定理が次第に明らかになっていくという側面である。ラカトシュ（ラカトシュ著，佐々木訳，1980）は，証明について次のように述べ，「定理をつくる」という行為と「証明する」という行為の相補性について指摘している。

> 『証明問題』の目的は，ある明確に述べられた主張が真であるかそれとも偽であるかを決定的に示すことであるというのは誤りです。「証明の問題」の本当の目的は，もともとの「素朴な」推測を改良し，－実際完全にし－本物の「定理」にすることなのです。

以上，問題づくりについて述べてきたが，数学的活動は，「問いかけ（問題設定）」と「その解決（問題解決）」からなる対話的な活動であり，言い換えればこれは，問題解決と問題設定とが相互に関連して持続的に行われることに他ならない。問題設定は，数学学習を持続的に展開する上で，重要な役割を果たすことになる。そして，累積的な知識の成長を漸次進める中で，革命的な知識の成長がどこでなされるかに注目していく必要がある。

(3) 数学学習における革命的な知識の成長

それでは，数学学習における革命的な知識の成長とは，具体的にどのようなことを意味するのであろうか。ポパーは，反証主義の考えを数学にまで適用することはなかったが，ラカトシュは，ポパーの考えを数学にも適用した（ラカトシュ著，佐々木訳，1980）。そして，数学における革命的な知識の成長に関連して，次のように述べている。

> 証明は定理を証明する。しかし，それは定理の成立領域が何であるかという疑問を残す。私たちは「例外」を述べ注意深く排除することによってこの領域を決めることができる（この婉曲な言い方はこの時期に特徴的なものである）。これらの例外はそれゆえ定理の定式化の中に書き込まれる。…（中略）…これらの問題状況のほとんどは成長中の数学理論に出てくるが，ここでは成長中の概念は進歩の媒介であり，最も刺激的な発展は概念の境界領域の研究や，その概念の拡張や，前には識別されていなかった概念の識別から生じてくる。これらの成長中の理論においては，直観は未経験であり，つまずき，誤りを犯す。このような成長期を通らない理論は存在せず，さらにこの時期は歴史的観点から最も興味深く，教育観点からも最も重要な時期と見られるべきである。

ラカトシュは，数学の最も刺激的な発展として，「概念の境界領域の研究」「その概念の拡張」「前には識別されていなかった概念の識別」を取り上げ，数学のどのような理論もこの成長期を通ることについて言及している。このような成長期は，まさに革命的な数学的知識の成長に対応するものであり，数学的知識においても２通りの知識の成長のあることを補強してくれると共に，学校数学において強調していくべき活動内容を示唆してくれる。すなわち，これまで獲得していた数学的知識が根底から覆され拡張されたり統合されたりしていく活動を節目節目で位置付けながら，その間を繋いでいく媒介となる活動として，これまで獲得した数学的知識を総動員して用いることで解決可能な問題場面を拡げていく活動を位置付けることができる。

これまでの議論より，数学教育においては，数学的知識の累積的な知識の成長を日々の授業の中で実践していくと共に，要所要所で，革命的な知識の成長に光を当てていく必要がある。小学校算数と中学校数学とのギャップが指摘されることがあるが，このギャップが革命的な知識の成長であるならば，そのギャップを意図的に生徒に実感させながら指導していくことが肝要である。

5-2「方法の対象化」による思考の発展

まずは，中学校数学における革命的な知識の成長として，ファンヒーレの思考水準（van Hiele, 1984）の分析を通して平林（1987）が指摘した「方法の対象化」の考えに焦点を当てる。方法の対象化とは，これまで目的を達成するための方法として位置付けられていた内容が，次の学習段階では学習の対象に代わるという考えである。方法の対象化は，学習順序を決める上で重要な役割を果たすが，発展的思考を促す上でも十分に留意して指導していくことが重要である。このような思考の発展は，その過程が生徒に見えるような形で指導をしていく必要がある。図形領域と数量関係領域から一つずつ例を取り上げて説明する。

(1) 平行四辺形の指導における「方法の対象化」

図形の性質を探る活動から，見いだした性質間の関係を探る活動への移行は，方法の対象化の一つとして解釈できる。小学校の図形指導では，ある性質が発見されると，それを定義としておさえた後，それだけで終りにせずに，他の性質はないかを探っていくことになる。例えば，平行四辺形を「向かい合った2組の辺がそれぞれ平行である四角形」と定義した後で，他にはどのような性質があるかを探っていくことになる。平行四辺形の性質として，次の性質が帰納的に見いだされる。

性質①：向かい合った辺の長さは等しい。
性質②：向かい合った角の大きさは等しい。
性質③：対角線は中点で交わる。

そして，適用範囲を拡げて生活の中に平行四辺形である図形を探す行為により，今度は，どの性質を満たせば平行四辺形といえるのか，といった平行四辺形になるための条件に目が向けられることになる。中学校数学では，小学校算数の指導との関連性を考慮に入れて，逆を考えていることを生徒に意識させ，その結果として，平行四辺形になるための条件を吟味していることを明確化する必要がある。第1章で強調した「なぜそれを学習するか」に焦点を当てることになる。そして，これまでは，図形の性質を作図・測定により帰納的に導いてきたわけであるが，逆がいえるかどうかを考えることで，「逆は必ずしも真ならず」という点に光を当てることになる。「向かい合う辺が等しければ，平行四辺形といえるか」といった1つの条件では成り立たないことから考えはじめ，「1組の向かい合う辺の長さが等しく，もう1組の向かい合う辺が平行であれば，平行四辺形といえるか」といった2つの条件でも成り立たない場合があることをおさえていきたい（図5-4）。

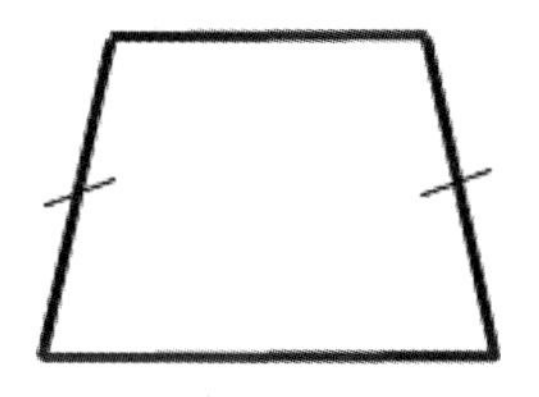

図5-4　反例

そして，反例があることを認識した上で，「何がいえればこれがいえるのか」といった演繹的推論の必要性を実感させていく必要がある。このような思考過程を経ることで，「AならばBである（A→B）」という命題をつくる行為が奨励され，論証指導への第1歩目が踏み出されることになる。「矢印（→）」の重要性に気付かせことが肝要である。

(2) 比例の指導における「方法の対象化」

比例の性質を探る活動から，見いだした性質間の関係を探る活動への意向も，方法の対象化の一つとして解釈できる。

① 小学校での比例指導

小学校の比例指導では，比例を「一方の量（x）が2倍，3倍，…，または$\frac{1}{2}$，$\frac{1}{3}$，…と変化するのに伴って，他方の量（y）も2倍，3倍，…，または，$\frac{1}{2}$，$\frac{1}{3}$，…と変化する」と定義した後で，他にどのような性質があるのかを探っていくことになる。小学校では，比例の性質として，次の性質が帰納的に見いだされる。

性質①：2つの数量の対応している値の比（商）が，どこでも一定になる。

性質②：一方の量（x）が1ずつ増えると，それに伴いもう一方の量（y）も一定の数ずつ増える（減る）。

性質③：ともなって変わる2つの変数x，yの間に，$y=ax$の関係が成り立つ。

性質④：グラフで表したとき，原点を通る直線になる。

そして，身のまわりの事象から「比例の関係になっている2つの数量を見いだそう」といった活動を取り上げることで，「何がいえれば比例といえるのか」が問われることになる。平行四辺形の場合と同じように，逆が問われることになる。そして，比例の性質の一つとして見いだした「xが1ずつ増えると，yも一定の数ずつ増える」という一次関数の性質が，生徒にとっての新たな思考を促す発展の契機となる。すなわち，この性質は，比例になるための条件ではないからである。例えば，弟と姉の年齢差を表に描いて考察することで，差が一定でも比例でないことを反例として示すことができる。そして，反例が示されたところで，「何が成り立てば比例といえるか」といった比例の性質間の関係に目が向けられるからである。

② 比例の定義の変更

小学校算数での比例の定義が「一方の量（x）が2倍，3倍，…，または$\frac{1}{2}$，$\frac{1}{3}$，…と変化するのに伴って，他方の量（y）も2倍，3倍，…，または，$\frac{1}{2}$，$\frac{1}{3}$，…と変化する」（正の有理数の範囲で定義している）であるのに対して，中学校数学の比例の定義は性質③を取り上げ，「ともなって変わる2つの変数x, yの間に，$y=ax$の関係が成り立つ」(負の数を含めた有理数の範囲で定義している)になっている。ここは，平行四辺形での指導とは異なる点である。この定義を変えていく過程を生徒にどのように思考させるかが重要な論点となる。

例えば一つの方策として，与えられた表から比例かどうかを判定する活動を取り上げよう。小学校での比例の定義を用いる判定より，比例の性質①，性質③を用いる判定の方が簡潔・明瞭であることに焦点を当てていくことになる。**表5-1**において，xとyが比例の関係にあるかどうかを判定するには，どのようにすればよいだろうか。

表5-1

x	2	3	4	5	6	7	8
y	4	6	8	9	12	13	16

この表では，「xが2倍，3倍…になると，yも2倍，3倍…になる」という見方では比例のように見えるが，商を求めると一定にはなっていない。「xが2倍，3倍…になるとき，yも2倍，3倍…になる」という性質は，xの全ての値に対して調べる必要があること，それゆえ，商で比例かどうかを判定していくことの有効性が見えてくる。このような活動を基に，比例の判定方法の簡潔・明瞭さから，今後は，「$\frac{y}{x}=a$，あるいは，$y=ax$で表されること」を比例の定義として考えていくことをおさえることができる。

③ 比例になるための条件に関わる補足

中学校数学において，比例の定義を「ともなって変わる2つの変数x, yの間に，$y=ax$の関係が成り立つ」にすると，「xをn倍したとき，yもn倍になる(n：自然数)」という条件を満たせば「$y=ax$の関係が成り立つ」という定義が導かられることを示す必要が出てくる。

数学的には，まずは，$f(nx)=nf(x)$(n:自然数)(xをn倍したとき，$f(x)$もn倍になる)を基に，下記のように，nが有理数倍($\frac{n}{m}$倍)でも成り立つことを示していく。

$n\in N$(自然数)において，$f(nx)=nf(x)$ならば，$f(x)=f(n\cdot x/n)=nf(x/n)$になる。
$f(x/n)=1/n\cdot f(x)$となり，xを$1/n$倍すると$f(x)$も$1/n$倍になることが導かれる。
$f(n/mx)=1/m\cdot f(nx)=n/m\cdot f(x)$となり，$x$を$n/m$倍すると，$f(x)$も$n/m$倍になる。

そして，$f(nx)=nf(x)$(n：0又は正の有理数)のとき$f(x)=ax$の形で表せることを導く。

$f(n)=nf(1)$となり，$f(1)=a$，$n=x$とおくと，$f(x)=xa=ax$となる。

ただし，nが0又は正の有理数の場合から，正負の数を含めた世界で$f(x)=ax$になることは証明できない。「xが0又は正の有理数のときは$f(x)=x$，xが負の有理数のときは$f(x)=2x$」といった関数を考えるとその反例となる。そこで，nが負の数を含めた整数のとき$f(nx)=nf(x)$と仮定することで，$y=ax$になることを証明していくことになる。また，実数で考える場合は，$f(x)$が連続であることを仮定に含める必要がある。「xが0又は正の有理数のときは$f(x)=x$，xが正の無理数のときは$f(x)=2x$」といった関数を考えるとその反例となる。学校数学では，$f(x)$が連続であることが前提とされている（島田，1990）。

このように，「xをn倍すると，yもn倍になる」という定義から，$y=ax$の形になることを示すことは，中学生にとっては困難である。性質間の性質を探っていく活動は，「方法の対象化」に伴う自然な発展の方向であるため，発展としての問いを大切にし，演繹的な証明を棚上げにしながら帰納的に取り扱っていきたいところである。

5-3 数学的知識の拡張・統合による思考の発展

二つ目は，数学的知識の革命的な成長として，数学的知識の拡張・統合を位置付けることができる。中学校数学の「数と式」領域を取り上げたとき，2つの単元で数学的知識の拡張・統合が取り扱われている。一つは正負の数の単元であり，もう一つは平方根の単元である。ここでは，正負の数の加減を取り上げ，数学的知識の拡張・統合について具体的に述べる。

(1) 自然数の加法から正負の数の加法への拡張

数学的知識の拡張として，中学校1年生における正負の数の加減乗除を取り上げ説明する。数（正の数）の日常生活への利用に伴い，「何もない」「空位」という意味で捉えてきた「0」を，「基準」という意味で捉えなおすことにより，プラス，マイナスの数が導入されることになる。ここで既に数の意味が変わっていることに注意されたい。集合数を基にすると，正の数では加減が考えられるが，負の数を含めると加減は考えられないことがわかる。

まずは，加法から考えていくことにする。ここで生徒にとっての加法の具体的な場面を振り返ったとき，集合数の加法の他に，順序数の加法があることに気付く。集合数の加法では，マイナスの数を考えることができないため，順序数における移動の考えの方が具体としては適しているわけである。生徒には，集合数のブロック等による加法と数直線の移動による加法の2通りがあることを振り返らせ，集合数のブロックではマイナスの数が考えられないことから，数直線の移動の考えで正負の数の加法を考えていくことを明らかにする必要がある。「なぜ数直線の移動で正負の数の加法を考えているのか」が生徒に理解できるような配慮をするわけである。

ここで，正負の数の加法の構造をもつ具体的な事象は他にもないかを問いにすることができる。そうすることで，同じような正負の数の加法の構造をもついくつかの事象が見いだせる。例えば，トランプにおいてスペード，クローバの数をプラスの数，ハート，ダイヤの数をマイナスの数で捉え，トランプのカードを相手から「もらう」行為を加法として取り決めすると，これは正負の数の加法の構造をもつ具体的事象となる。

(2) 自然数の減法から正負の数の減法への拡張

それでは，減法も同じように考えられるだろうか。数直線の移動で考えていくか，トランプカードで考えていくかといった選択である。教科書では，数直線での移動が主流であるが，トランプカードによる方法が全く取り扱われていないわけではない。この2つには，一長一短がある。数直線での移動で正負の数の減法を考えていく際，その意味をどのように取り決めしていくかが難しいのに対し，トランプカードでは，トランプカードを「もらう」行為が加法であったことから，トランプカードを「あげる」行為を減法と解釈すれば，トランプカードでの減法を考えていくことが比較的容易にできる。一方，中学校で正負の数の加減を考えた後，高校でもベクトルの加減，複素数の加減を考えていくことになる。その点まで考えると，数直線上の移動は，ベクトルの加減，複素数の加減の特殊な場合になっており，拡張の考えに繋げていくことができる。「中学校での正負の数の加減は，ベクトル，複素数の加減の特殊な場合になっていたんだ」といった理解の仕方を強調することが可能になる。それに対して，トランプカードでの正負の数の加減は，その場限りのものである。生徒にとっての理解のしやすさといった観点ではトランプカードが有効であるが，拡張の考えを強調していく立場に立つと数直線上の移動を取り扱わないわけにはいかない。ここで，「どちらを採用するか」といった二分法に陥らずに，多様なアプローチを採用していくことが奨励される。すなわち，数学的知識は，正負の数の加減の構造をもつ複数の具体的事象を見いだすことで確かなものになっていくわけである。

① トランプカードによる正負の数の減法への拡張

ここでは，一つの案として，トランプカードを採用して，正負の数の減法を考える。

$(-3)-(+5)$ は，図5-5のように，自分のカードでの操作に焦点を当て，(-3) から $(+5)$ を引くために，合計0になる $(+5)$ と (-5) の2枚のカードをもってきて，この状態から $(+5)$ を相手に「あげる」行為と考える。

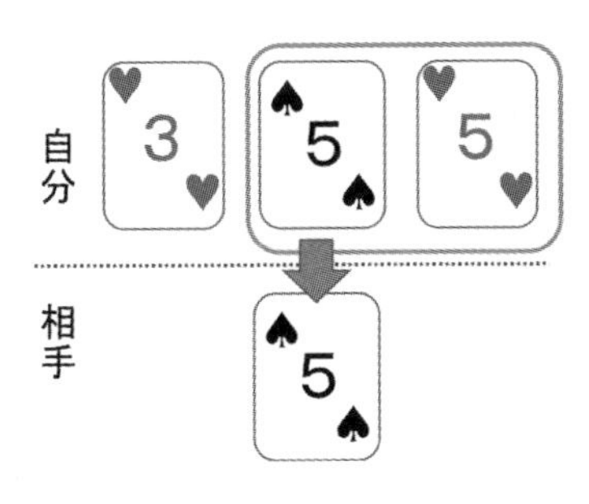

図5-5　$-3-(+5)$ の具体化

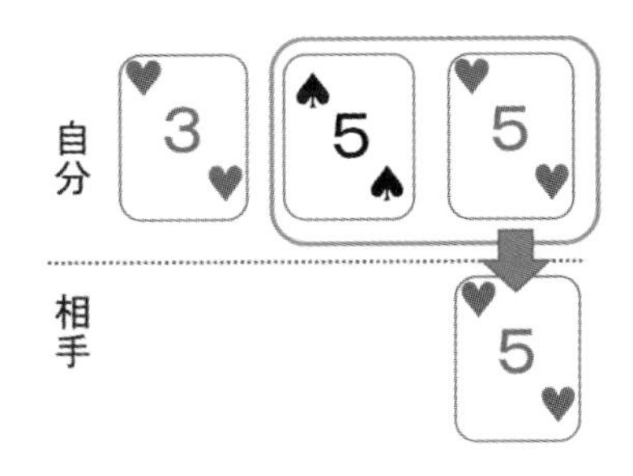

図5-6　$-3-(-5)$ の具体化

そうすると，正負の数の減法は，トランプでの操作を具体として考えると次のような計算になる。　　　　　　（－３）－（＋５）＝（－３）＋（－５）

同様に考えると，（－３）－（－５）は，図5-6のようになり，次のような計算になる。

（－３）－（－５）＝（－３）＋（＋５）

このように，トランプカードにおける正負の数を「もらう」「あげる」行為として考えることにより，正負の数の加減の計算を拡張していくことができる。

② 適用範囲を拡げる

そして，正負の数の減法の意味を獲得した上で，適用範囲を拡げていくことになる。数直線上での移動や気温の変化を具体例として見いだすことができる。気温の変化については，天気予報の図で，昨日の気温から変化した温度と今日の気温の二つの数値が示されている。例えば，昨日から－４℃変化し，今日の気温が－２℃であれば，昨日の気温は，「－２－（－４）」で表現できることになる。

③ 数直線の移動による正負の数の減法の解釈

ここで，数直線上の移動において，実際に減法が考えられるかどうかを見ていく。順序数での減法の具体的な場面を振り返りながら，正負の数の減法が具現化できるかどうかを考えていくことになる。ここでは，既に計算結果はわかっており，式をよむ活動を伴うことになる。すなわち，「－４－（－７）＝□」を，次のような具体的な問題で考えていくことになる。

「A君のいる最初の地点から－７進んだら，－４の地点に来ました。A君は最初どの地点にいたでしょう」

「A君は，最初に基準点０からいくつか進み，さらに－７進んだら，基準点から－４進んだことになりました。A君は，最初いくつ進んだでしょう」

前者の問題は，「（位置）－（移動）＝（位置）」の考えによる問題であり，後者の問題は，「（移動）－（移動）＝（移動）」の考えによる問題である。複素数の加減では両方の見方がなされ，ベクトルの加減では，後者の場合だけがなされることに留意しておきたい。

例えば，後者の問題を数直線上の移動で表現すると，図5-7のようになる。

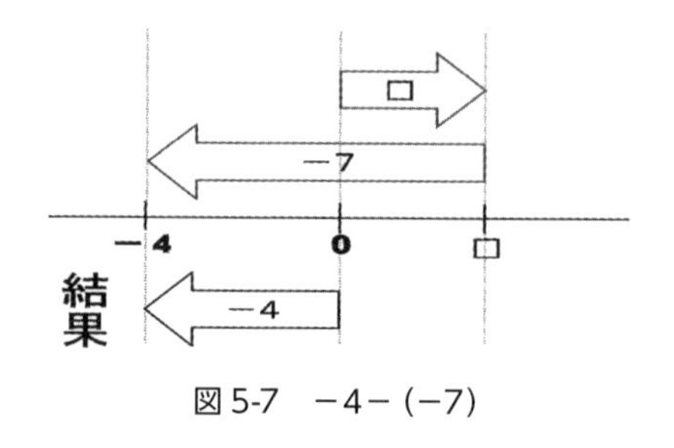

図5-7　－4－（－7）

「－4－(－7)＝□」が「－4＋(＋7)＝□」に等しくなることが分かる。

ここでは，トランプカードで導入し，数直線上の移動を正負の数の減法の適用範囲を拡げる活動として位置付けて述べてきたが，逆の展開も考えられる。数直線上の移動で導入し，適用範囲を拡げる活動としてトランプカードや気温の変化を位置付ける展開である。また，トランプの操作，数直線上の移動についても，複数の考えがあることにも留意しておきたい。

(3) 本教材のポイントと高校への接続

ここで述べた正負の数の加減の指導で強調したいことは，どの具体が最も理解しやすいかという視点から教材研究することにとどまらず，正負の数の加減の構造が具体的な世界に複数見いだせるという，その行為自体に焦点を当てていく点である。また，正負の数が，位置と移動の2つの解釈ができる点にも目を向けていきたい。ベクトル，複素数の指導の素地になる点である。数学的知識は，適用範囲を拡げることにより確かなものになっていくわけである。

それでは，高校でのベクトル，複素数の指導では，どのような展開になるであろうか。ベクトル，複素数の加減を考えるとき，トランプカードではもはや考えることができないが，数直線の移動という具体では，平面上の移動といった考えに拡げることで加減の意味を拡張することができる。これまでの指導では，「1つの具体で考える」，「具体を増やす」，「どの具体で考えるかを選ぶ」といった活動にはなかなか光が当てられることがなかった。具体を複数見いだし，概念を拡張する際には，複数の具体のどれで考えるとうまくいくのかに焦点が当てていきたいものである。このように，具体的な場面での意味を豊富にし，拡張する際にどの具体で考えるかを選択・吟味していく活動を通してこそ，革命的な知識の成長があるものと考える。

■■ 第5章の引用・参考文献

Brown, S. I. & Walter, M. I. (1983) . The Art of Problem Posing. Philadelphia, PA: Franklin Institue Press.

ブラウン，S.I.／ワルター，M.I.著，平林監訳(1990)，『いかにして問題をつくるか－問題設定の技術－』，東洋館出版社.

平林一栄(1987)．『数学教育の活動主義的展開』，東洋館出版社.

クーン，トマス・S(1985)．「発見の論理か研究の心理学か」，イムレ・ラカトシュ，アラン・マスグレーヴ編／森博監訳，『批判と知識の成長』，木鐸社，pp.10-39.

ポパー，カール著，森博訳(1974)．『客観的知識』，木鐸社.

ラカトシュ著，ウォラル・ザバール編，佐々木力訳(1980)．『数学的発見の論理－証明と論駁』，共立出版.

島田茂(1990)．『教師のための問題集』，共立出版.

竹内芳男・沢田利夫編(1984)．『問題から問題へ』，東洋館出版社.

van Hiele,P.M.(1984) . A child' s thought and geometry. In D.Geddes, D.Fuys, & R.Tischler (Eds.) , *English translation of selected writings of Dina van Hiele-Geldof and P.M. van Hiele* (pp.243-252) . Research in Science Education (RISE) Program of the National Science Foundation. Washington, D.C.:NSF.

第6章
理論編

学び合いの意義と留意点

数学的活動として，複数の考えを関連付け理解を深める活動，実世界の問題を解決する活動，数学を発展させる活動を取り上げて考察してきたが，これらの活動は，生徒同士の学び合いを通して深まっていくものである。第6章では，学び合いの価値について言及した上で，どのような場面で学び合いを設定するのか，学び合いの質をいかに高めていくのかについて考察する。

6-1 なぜ学び合いか

学校における授業の意味を考えたとき，家でコンピュータ等で1人で学ぶより学校でみんなで学んだ方が，より深くより幅広く学習ができるということがある。学び合いを手段として捉えた立場からの学び合いの意義である。授業研究会においても，「学び合いは手段である」ということがよく指摘されるが，それは，学び合ってはいるが学習の深まりがないことを危惧しての言葉である。それでは，学び合いは，手段としての役割しかないのだろうか。否。学び合いは，目標にも成り得る。ここでは，学び合いが目標に成り得る点について，2つの側面から述べる。

(1) 思考の仕方のモデルとしての学び合い

一つ目は，学び合いは一人一人の生徒が自分で考えていけるように，思考の仕方のモデルとしての役割を果たしているという点である。それでは，どのような思考の仕方のモデルになっているのだろうか。そこで，弁証法の考えに触れながら，対話的思考法について言及する。

① 弁証法

自然・社会・精神をつらぬく普遍的な法則性を正しく捉え体系付けた，世界全体の一般的な連関・運動・発展の法則についての科学のことを弁証法と呼んでいる。「弁証法」に対応するヨーロッパのことば（英 dialectic，仏 dialectique，独 dialektik，ラテン dialectica など）はすべて，ギリシア語のディアレクティケー・テクネーから由来する。そして，これはもともと対話の技術や問答術を意味するものであった。弁証法的な運動は，一般に3つの段階によって説明されている（中埜，1973）。

即自→対自→即且対自，　正→反→合，　定立→反定立→総合

② 対話的思考法

弁証法というものを単なる「技術」から一歩進めて「方法」として，しかも「思考の方法」として捉える立場にたつと，学び合いにおいて，どのような思考過程が集団の中で実現されることが望ましいかの指標となる。すなわち，対立の生じていない状態から，なんらかの契機で対立

が生まれ，最終的には，対立の統一がなされるという思考過程である。

中埜肇（1973，pp.43-45）は，このような思考過程を対話的思考と名付け，5つの点に整理している。この5つの点を簡単にまとめると，次のようになる。「① すべてのものは有限である限り，必ずそれ自身のなかにみずからを否定するものを含む」，「② 自己に内在するこの否定性のゆえに，すべての有限なものは必ず自分のなかから他者（自分に対立し，自分を否定するもの）を産み出し，自己と他者との間に対立が生ずる」，「③ 対立する二つのものは互いに他の存在を前提し合い，相互に否定しながらも，相補性の関係にある」，「④ この対立は，かならず一致に達する。いわゆる「対立の統一」である。この統一は，何らかの仕方で両者がともに生かされるような和解的な統一である」，「⑤ しかし，この和解統一は，けっして恒久的・究極的なものではなく，暫定的なものである」

対話的思考では，このような思考が個人の中で繰り返しなされることに言及しているが，学校教育で考えたとき，クラスの中での生徒同士の学び合いのあるべき姿を暗示してくれる。すなわち，ある考えからそれを否定する考えが生まれ対立が生じる。そして，両者の考えを対比させながら，対立が統一されるという過程の中で，数学的知識が成長していく展開を目指すことになる。そして，このような思考過程からなる集団での学び合いを通して，個々の中でこのような思考過程をモデルとして活用できるようになることを期待していくことになる。学び合いは，思考の仕方のモデルという点に光を当てると，集団での思考過程が生徒全員に理解できるような授業展開を実現していくことに焦点を当てていく必要がある。

③ 対話的思考から見えてくる学び合いを深める必須要件

ここでは，前述の対話的思考の考えを参考にしながら，学び合いにおける必須要件について述べる。まずは，A君とB君の2人の中での対話をイメージ化し，図6-1のように表す。

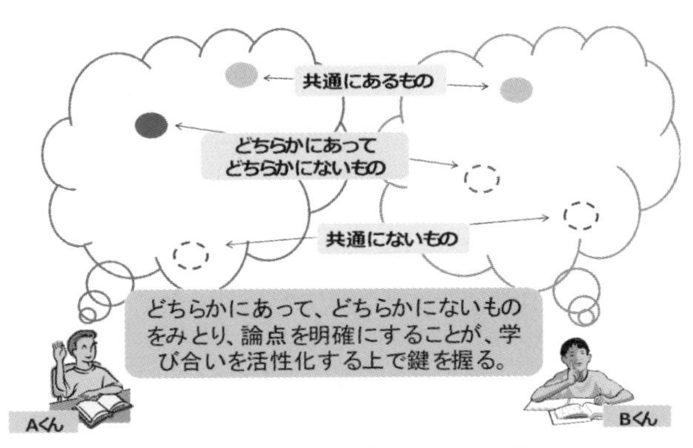

図6-1　学び合いが深まる必須要件

2人の中で全く共通のイメージをもっていれば，これは，「あうんの呼吸」ということで，これ以上の対話はいらない。また，逆に，両方に共通のイメージがないとき，これも対話が成立するはずがない。対話が盛り上がっていくときは，両者の間にイメージの食い違いがあるときである。ここでいう「食い違い」とは，対話的思考における対立の生成を参考にしているが，学校教育における生徒の発達段階，より幅広い適用という点を考慮に入れて，もう少し広い意味で捉えている。A君の中にあるイメージがあって，B君の中にはそれがない場合は，B君はA君の知っていることを知りたいという思いが働くし，A君はB君にわかってもらえるように伝えようとする行為がなされる。あるいは，A君の中にあるイメージと，それに対応したB君のイメージとの間に食い違いが生じたとき，どうしてイメージが異なるのかが問題となる。問題を明確にすると共に，どうすれば共通理解になるのかを追究していくことになる。このように，両者の間に共通のイメージがないことこそが，学び合いを深めていく原動力になるわけである。

このような捉えを基にしたとき，友達との間で意見の食い違いが生じたとき「これは，さらに考えが深まるきっかけになるかもしれない」と思えるような生徒を育てていきたいわけである。そして将来的には，個々の中である考えが生まれたとき，意図的に食い違った考えを見いだし，それを基にさらなる考えを見いだしていこうとする態度へと成長させていくことが期待されることになる。一方，教師にとっては，教科指導の中でどのような食い違いに目を向けるかが，教材開発，生徒理解のポイントとなる。授業の中で偶然に生まれてくる食い違いだけを当てにするのではなく，教師から食い違いを意図的にしかけていくことが肝要である。

(2) 社会性の育成

二つ目は，社会性の育成といった点である。数学の指導を通して人間形成を考える際，そのねらいにおいて，補完的な関係にある個と社会とをどのように考えるのか明らかにしておく必要がある。すなわち，個々の生徒が各々の個性・独創性を発揮したり，自分ひとりで問題が解決できるようになるという個人的なねらいと，集団の中で責任を果したり集団に対して奉仕したり，集団で協力して問題解決できるようになるという社会的なねらいとのバランスである。この２側面は，どちらか一方が最終目標として位置付けられるものではなく，両者を結び付けながらバランスよく授業の中に位置付けていく必要のあるものである。この点に関して，塩野は，次のように述べている（塩野，1970）。

> 全体と個とは，一方が他方に従属するという関係ではなく，全体の中に個が含まれ，個に全体が宿る，全体を離れて個なく，個を離れて全体なし，個即全体の関係にある。したがって，個と全体との間に対立関係はなく，全体が個の犠牲を要求するようなことはあり得ず，全体のためは個のため，個のためは全体のためであるということになる。

このような全体と個との相補性に焦点を当てると，学び合いにおいても，個々の成長だけに焦点を当てるのではなく，「全体のために何ができるか」といった社会性の成長が自然と論点になってくる。「自分はもう解決できているから，もうやることはないよ」とそっぽを向いている生徒，あるいは，「こんなことを言うとみんなに馬鹿にされるかもしれない。言うのはやめておこう」と恥ずかしがり屋の生徒，これでは困るわけである。自分の考えたことを振り返りながら，相手の立場にたって考えられる生徒に育ってほしいわけである。すなわち，「自分にとってどうか」といった視点にとどまることなく，「友達にとってどうか」といった視点へと拡げて考えていってほしいわけである。例えば，次のような価値観をもった考えができるような生徒に育ってほしいわけである。

「自分で答えが出せてうれしい。はやく伝えたい。でも，みんなも同じように，人から教えられるより，自分で解けたらうれしいだろうな。友達も自分で解決できるような，なんかいいヒントはないかな」，「なんか，ここがよくわからないな。こんなこと質問したら，笑われるかな。けど，ここに疑問をもっている友達も他にいるかもしれないよ。また，ここをはっきりさせておくことは，重要なことかもしれないよ。とりあえず，質問してみよう」

このような価値観をもった生徒になってもらうためには，教師がこのような生徒を的確にみとり，価値付けしていくことが重要である。「今日は，○○さんがこういうことを発表してくれたけど，これがあったおかげでよくわかったね」と最後に声かけしてあげると，その子も，「あっ，みんなのためになった。先生が誉めてくれた」となるわけである。そして，「答えを言うのはやめようよ」，「学校で習ったことを用いて説明しようよ」といった具合に，生徒同士がみんなのために注意し合う環境へと高めていきたいものである。このような声かけで，生徒たちの価値観を拡げていくことが期待される。

6-2 学び合いの場面と質

これまで，学び合いは方法であり，目標でもあることについて述べてきた。それでは，どのような場面で，どのような食い違いに目を向けていけばよいのであろうか。順に述べていくことにする。

(1) 学び合いの場面

授業の中で学び合いをどのような場面で設定すればよいかを考えたとき，大きく次の3つの場面が考えられる。自力解決を最初に行い，その後で学び合いを行うといった固定観念に縛られることなく，柔軟に学び合いを設定していく必要がある。

① 問いを引き出す学び合い

一つ目は，問いを引き出すための学び合いである。友達と話し合いをしていると，自分とは異なる友達の考えに気付き，問いが引き出されることがある。また，解決を終えた後で，この解決は，どのような場合に使えるのかを話し合うことで，新たな発展的な問いが見えてくる。

例えば，中1の文字式の計算の仕方を考える授業の導入において，「のぶ君はりんごを3個，ひろ君はりんごを5個買いました。袋が10円で，りんごの値段をx円とすると，全体の金額はxを用いてどのように表せるでしょう」といった問題提示をしたとしよう。そして，生徒から「$3x+5x+10$」が出され，「さらに簡単にできないか」を問うことで，「$8x+10$」と「$18x$」の2通りの考えが出されたとしよう。生徒同士の考えの間に，食い違いが生じたことになる。そして，この食い違いは，文字式の計算の仕方を考える上で，格好の問いとなる。生徒の心の中に躊躇を生み出すような学び合いをしかけていきたい。

② 問いをより多くの生徒が解決できるようにする学び合い

二つ目は，問いをより多くの生徒が解決できるようにするための学び合いである。ここでは，「進みながら戻る」「戻りながら進む」という考えを大切にしていきたい。これまで学習したことを完全に復習した上で新しい学習に入るのではなく，新しい内容を学習する上で既習の内容が必要になり，それを引き出して復習して，それを生かせないかを考えることになる。前に進みながら戻る指導をすることによって，生徒は，これまで学習した内容を単に復習するだけではなく，新しい内容を学習する上で，既習の内容がどのように生かされているのかを学ぶことができる。

例えば，2次方程式の解法を考えるとき，これまで似たような問題を解決したことがないかを振り返ることになる。「連立方程式では，どのように解決したか」を振り返ることで，既習の一次方程式に帰着して考えたことを復習する。そして，2次方程式の場合においても，既習の一次方程式に帰着して考えられないかが，解決の見通しとして引き出されることになる。

ここで重要な点は，どこまで戻るかである。生徒の実態に応じ，どこまでわかっているのかを確認しながら繰り返し学習を行い，新しい内容の学習を試みていく必要がある。

③ 複数の考えを対比・関連付けていく学び合い

三つ目は，複数の考えを対比・関連付けていくための学び合いである。いろいろな考えが契機になって，新たな創造へとつながっていく。その際，教師は，複数の考えをどのような観点から対比・関連付けていくかが重要となる。複数の考えの共通点・相違点を明確にするのか，あるいは，複数の考えの長所・短所を考えていくのか等，論点を前もって明確にしておくことが肝要である。第3章での考察をふり返っていただきたい。

例えば，確率の問題で，「くじが4本あり，当たりくじは2本。4人がくじを順番に引いていくとき何番目に引くのが当たりやすいか」といった問題が出されたとしよう。そして，自力解決の後，図6-2のような2通りの考えが発表されたとしよう。

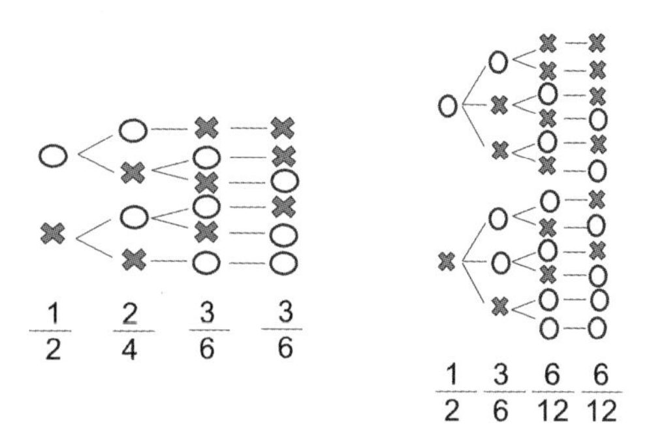

図 6-2 2 通りの解決方法

両者を対比することで，生徒から，「答えは同じだけど，左の方が簡単だ」という意見が出される。しかし，もう一方では，「他の場合でも，同じような結果になるのか」がさらなる問いとして引き出される（横浜国立大学附属横浜中学校の大内広之先生が2014年に実践されている）。他の問題でも，両方のやり方で同じ結果になるのかどうかが検討課題である。同じ答えになるという共通点の一般性を問うことで，「同様に確からしい」といった考えに焦点が当たることになる。実際，くじが4本で当たりくじが1本の場合を考えると，答えが異なることに気付き，左側のやり方では問題であることが明らかにされる。

(2) 学び合いの質

学び合いの質を高めていくために，下記の4点を取り上げ説明する。

① 自然なコミュニケーション

学び合いを深めていくことを中心に述べてきたが，その原点は，発信することだと考える。「あれ，あれ，あれなんだよね」と発信することで，「あれってなぁに」と聞かれる。そして，この「あれあれ」を互いに明確にしていく行為が，より洗練された表現へと導いていくわけである。最初から洗練された表現を求めると，何も発言できない状況に陥ってしまう。「まずは」「次に」といった話型の指導の前に，まずは発信することを学び合いの原点と考えたい。

次に，「ここどうなるの？」と質問されたとき，聞かれた子は，説明しなければならない立場におかれ，自分の思考を振り返る必要性が出てくる。この機会が与えられるところに意味がある。自分がどのように考えたのかを振り返ることで，はじめて解決過程が見えてくる。そして，聞いた方は，友だちが説明してくれることに対して，「いったい何が言いたいのだろう」と友だちの説明をよみ，「そこ分からないよ」「ここおかしいんじゃないの」といった具合に，友達の説明を評価する立場におかれる。そして，評価された子は，ふたたび自分の説明を振り返ると共に，「どうしてわかってもらえないのだろう」といった具合に，他者を想定しなければならない立場におかれる。このような自然なコミュニケーションが，授業の中でどう行われるか，子ども同士の会話の中でいかに行われるかが大切である。授業の要所要所で，ペア学習を位置付けていく価値は，まさにこういう点にある。以上，自然なコミュニケーションの流れを図式化すると，図6-3にようになる。

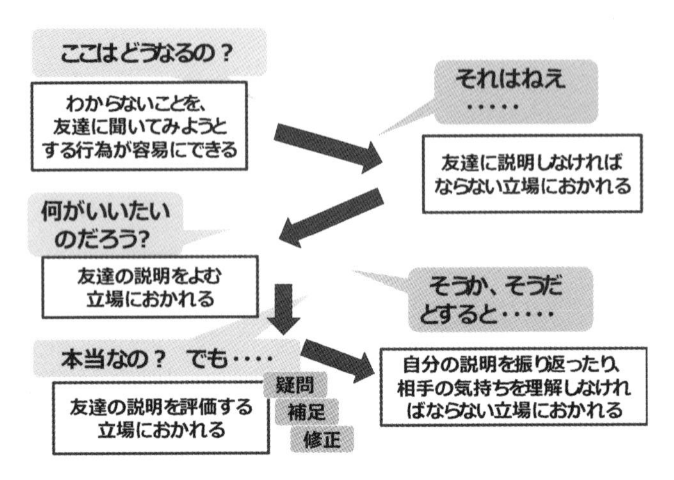

図 6-3　自然なコミュニケーションとその価値

② 教師の補足説明の役割と弊害

このような学び合いを考えたときに気になるのが「教師の補足説明」である。暗黙の内にパターン化してしまっていないかを振り返る必要がある。生徒が何か発言したあと，「～さんは，こういうことを言っているんだよね」とわかりやすく説明すると，他の生徒も理解できるというよさがある。これは重要なことで，わからないことをわからないまま見逃すよりもよい。しかし，教師の補足説明により，友達の考えをよむ，評価する，他者を想定する場面を生徒から奪っている点にも目を向けなければならない。教師が常に補足説明すると，生徒は，「友達は何を言いたいのだろう」とよむ必要性がなくなり，「ここおかしんじゃないの」と評価することもなくなる。先生が補足説明をしてくれるから，友達の考えを聞かずに，先生の説明だけを聞いておけばよいと考えるようになる。

我々は，「表現力」と言ったとき，「もっと分かりやすく説明できないかな」と説明をする方ばかりに負荷をかけ，聞く方の力をあまり育てていないのではなかろうか。「何が言いたいのだろう」，「ここわからないよ」「ここがはっきりしないなぁ，自分には」といった具合に質問ができないと，対話が一方通行になる。説明する方ばかりわかりやすく説明することを考えて，聞く方は「う～ん」とうなずくだけで終わりになる。聞く方にも，発信できるような力を身につけさせる必要がある。子ども同士の考えをつなぐ発問，「何言いたいのかわかった？」「誰か助けてくれる人？」といった発問をすることで，友だちの話を聞く力，評価する力を鍛えていく必要がある。「わからない！」と言える勇気を育んでいきたい。

③ 友達の考えをよむ場面を設ける

また，従来のような「考えた子が説明する」「考えが浮かばなかった子が聞く」といった構図に固執することなく，友達の考えをよむ場面を積極的に設けることで，お互いが双方向に働きかけていけるようにしたい。そのために，例えば，考えた人に全てを説明してもらうことを避け，一部分を空白のままにしておき，その空白部分を探っていく活動を取り入れていきたい。

例えば，第3章の**図3-11**のマッチ棒の問題で述べたように，式だけを見せて友達にその考えをよませる活動を積極的に取り扱っていきたい。よむ場面の設定は，生徒の実態に応じて調節できる。式だけからよむのが一番難しい。図からよむ場面を設定すると，少し容易になる。また，場面と式を提示してよむことも可能であり，さらによむことが容易になる。生徒の実態に応じて，よむ場面を設定していく必要がある。よむ場面を取り入れる長所として，次のような点をあげることができよう。

①現代社会では，新聞等にある他者の描いた表やグラフ等をよむことは重要な力の一つである。また，式をよむことは，算数・数学の指導内容の一つである。よむ場面を設けること自体に価値がある。

②よむ場面を設けることによって，たとえ友達の考えがよめなかったとしても，どのように考えたのかが気がかりになり，能動的に友達の説明を聞くようになる。

③よむことによって，自分の考えていない友達の考えを追体験することができる。友達の考えを自分のものにすることができると共に，自分の考えと友達の考えを比較検討するための準備が整う。

④よむことによって，友達の考えとは異なる新たな考えが生まれることがある。これは，誰も考えていなかったことで，新たな創造につながったことになる。

②について補足しておきたい。例えば，ある生徒にノートに書いた解決結果を実物投影機等で映して説明してもらう際に，ノートに書かれた内容だけを見せて1，2分程度どう考えたかをよませるわけである。生徒がそれをよむことができれば，自分のよみを確認するために能動的に聞こうと思うであろうし，たとえよむことができなかったとしても，「どういうことが言いたいのだろう？」と，これもまた能動的に聞こうとする。生徒に発表させるときは，1，2分程度のよむ時間を設けることをお勧めしたい。

さらに，授業の中で，自力解決したことを画用紙等に書いて発表してもらう際，画用紙にていねいに書こうとする子がいて，自力学習の時間が延び，練り上げの時間が短くなってしまうことがある。「式だけ書いてくれる」といった指示を与えることにより，練り上げの時間を十分に確保することにもつながる。

④ 多様な表現を試みること

先ほど学び合いの原点は発信することだと述べたが，よりわかりやすい表現にするには，多様な表現方法を身につける必要がある。第３章の図3-12で示したように，表現方法には，実演，具体物による操作的表現，絵や図による表現，数式等の記号による表現があり，学年進行と共に抽象化されていく。それでは，中学校数学になれば記号的表現だけでよいのであろうか。我々が生徒に身につけさせたいのは，「多様な方法で表現できる力」である。記号を使っていても，図で説明できるか，具体物で説明できるかを考える生徒を育てていきたい。数学の学習において，我々は一般的に「早く，正確に」を先行しがちであるが，問題をどのような図や表で説明するか，人に分かりやすく説明するにはどうしたらよいのかにも力点をおいていく必要がある。

6-3 学び合いにおける検討課題

授業展開については，①問題の理解，②自力解決，③発表・練り上げ，④振り返り・まとめ，の4段階で行うことが一般的である。これらは，授業展開を考える上でのモデルになるものであるが，これに縛られすぎると本末転倒になりかねない。学び合いを重視した指導では，集団で考える時間と対置して，個人で考える時間をどのように組み合わせて授業展開をつくっていくかを考えていくことが肝要である。ここでは，学び合いにおいて今後検討していくべき２つの論点を取り上げておく。

(1) 生徒が一人で考える場と共同で考える場の組織

教師は，一人で考える場と共同で考える場を，授業の中でどのように組織していけばよいだろうか。共同で討論する前に，個々で考える時間を設ければ，個々の生徒が自分の考えをもつことが可能になり，他の生徒の考えをただ聞くだけで終わることなく，自分の考えと照らし合わせながら討論に加わることができる。ただし，個々で考える時間を設けたとしても，誰もが自分の考えをもてるわけではない。

また，共同で最初から考えていく場合，一人で考えていてもわからないことが，他の生徒の何気ないひとことがきっかけになって，新しい考えがひらめくことが多々ある。しかし，一人の優秀な生徒の考えを聞くだけになって，何も考えずに，うなづくだけで活動が進展していく危惧があるのも事実である。例えば，ペア学習，グループ学習では，自分で考えた結果を友達の考えを聞いて，振り返りもせずにすぐに修正してしまう生徒がいる。そのような場合は，その考えを後で教師が取り上げ，①どのように考えたのか，②何がおかしかったのか，③生かすことはできないのか等をその生徒に促したり，あるいは，全体で検討したりしていくことが大切である。考えを振り返り，検討・修正していくことの重要性を感得する必要がある。

このように，一人で考える場と共同で考える場をどこで設けるかは，指導のねらいに照らし合わせながら，柔軟に設定していく必要がある。通常の授業を省みたとき，一人で考えた後で共同で考える場を位置付けることが一般的であるが，問題が難しくなればなるほど，そのような展開では難しくなる。指導目標と生徒にとっての難易度を十分に検討した上で，一人で考える場，共同で考える場の位置を定めていくことが肝要である。

(2) 生徒同士の話し合いをいかに組織して，いかに深めるか

教師は，生徒同士の討論の時間を設ける際，どのように生徒に働きかけ，どのような発問，方向指示等を行っていけばよいのだろうか。生徒同士の討論では，議論の焦点が多様にあり，何が論点なのか不明確のまま討論がなされていくときがある。また，討論に参加するための必要最低限の知識がないため，ただうなづくだけで終わってしまう生徒もでてくるときがある。各自が，今何を議論しているのかを明確にしながら，よりよい方向へと議論が進展していけるような教師の働きかけについて考察していく必要がある。具体的には，集団の中での生徒同士の討論に対して，教師は，①それらを見守るのか，②論点を整理するのか，③全体に対して疑問を投げかけていくのか，④全体に対して方向指示を出すのか等，場面に応じてどのような判断を下していけばよいのかを考察していく必要がある。

6-4 学べば学ぶほど個々が強く結ばれる教育へ

「個に応じた教育」，これを習熟度別指導等で追い求めていく際，ややもすると，「生徒同士のつながりが気薄になっていないか」という点が気になりだすときがある。子どもたちは，学べば学ぶほど個人差が加速し，クラスの子どもたちはどんどんバラバラに分けられていく。「こんなことを聞けば笑われるかも･･･」「こんなことも知らないのか･･･」等の思いが芽生え定着していく危険性がある。学べば学ぶほど，個々が離れていくという，なんとも皮肉な結果になってしまいかねない。学べば学ぶほど個々が離れていく教育ではなく，学べば学ぶほど個々が強く結ばれる教育を目指していかなければならない。

一人一人が授業を通して，自分だけに役立つ知識を獲得するのではなく，みんなのために貢献できうる知恵を獲得していけるような「個を生かす教育」を実現させていきたい。

第6章の引用・参考文献

中埜肇(1973).『弁証法』，中公新書.
塩野直道(1970).『数学教育論』，啓林館.

実践編

第1章
実践編

活動に問いはあるか

実践編からは，数学的活動を通した授業をデザインしていくために，具体的な実践を例に，生徒に身に付けさせたい力（目標），理論編で提案した指導の工夫（**〔 〕で表記**），基本的な指導技術（**《 》で表記**）を切り口に考えていきたい。ただ，これから挙げる実践は，授業者である筆者（藤原）とその子どもたちとでつくられた，ある1つの出来事である。読者の方々においては，あくまで教育実践の一例として解釈し，目の前にいる子どもたち，あるいは将来受け持つであろう子どもたちのことを想像しながら，「自分だったらこう展開する」などという批判的な眼でお読みいただけると幸いである。ぜひ読者お一人お一人の新たな「問い」を大切にし，数学的活動を再考していただく契機とされたい。

さて，ここではまず，数学的活動における「問い」について検討したい。

数学の授業における「問い」の捉え方に関して，「問題解決の授業」について長く研究されてこられた相馬一彦氏は，その著書の中で次のように捉えている。（相馬，2000）。

「問題」…… 考えるきっかけを与える問い　（教師が与えるもの）
「課題」……「問題」の解決過程で生じた疑問や明らかにすべき事柄　（生徒がもつもの）

実際の授業では，生徒自身が「あれ？」「どうして？」などと疑問を抱くことが活動の動機付けを与えるため，極めて大切であることは言うまでもない。したがって相馬氏の「問題」と「課題」を区別して捉えることは大切である。しかし，個別学習でない限りは，その疑問は必ずしも自分自身との対話のみでは生じるとは限らない。一斉指導や個別の机間指導において「～だろうか？」と教師から問われ，「あ，確かにそうだ」と共感して疑問に思う場面もある。また，他の生徒と話し合ったり考えを読み合ったりする共同的な学習場面で「～かなあ？」と思わず疑問を抱く場面もあろう。このように，疑問が生まれるきっかけは多様な場面が想定され，絶えず疑問を自分ごととして受け止めながら，その生徒の数学的活動を進展させていくものである。つまり，疑問を「生徒が発したか」も大切であるが，それよりも，疑問が「生徒一人一人のものになっているか」が重要だと考える。

したがって，本書の中で「これは「問い」であって，これは「問い」ではない」ということは議論しない。多くの生徒が抱くであろうと教師が想定した疑問，また実際に多くの生徒が発したり自分のものとして抱いたりした疑問をすべて「問い」と捉えていく。

第1章では，主体的な数学的活動の実現に向けて，生徒から問いを引き出すこと（**事例1**），一連の問いの流れをつくること（**事例2**），現実的な問いから数学的な問いをつくること（**事例3**），問いを探究すること（**事例4**）について，具体的に考えていきたい。

事例1 問いを引き出す
～中１「空間図形」の授業～

本授業は，中１「空間図形」で投影図を学習した後に3時間で扱った。「立体を作るために，見取図，展開図，投影図などを関連付けて，立方体を切断してできた立体の性質を見いだすことができること」が目標である。次の問題を提示し，工作用紙で実際に作らせることとした。

問題　立方体を右図のように半分に切断した立体の展開図をかき，実際に作りなさい。ただし，切り口をふさぐ“ふた”もつないで作ること。

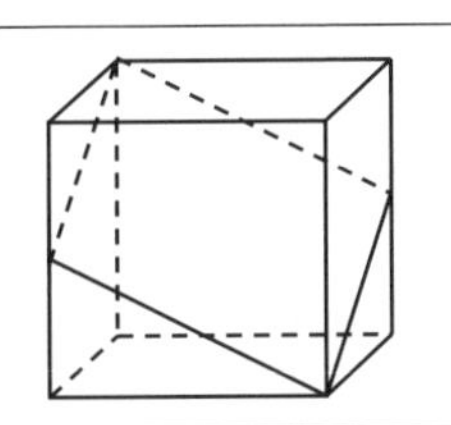

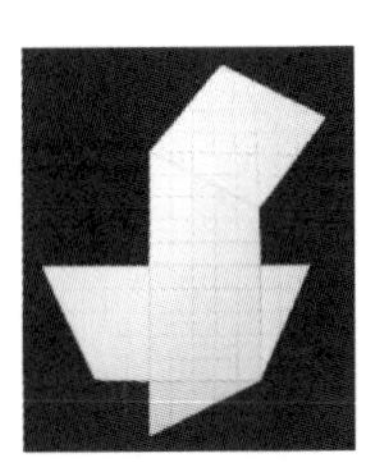

第1時では，まず立方体の見取図を黒板に貼り，立方体の頂点や辺の中点を通るように切断すること，立方体の一辺が5cmであることを捕捉し，1cm方眼の工作用紙を配付して展開図をかかせ始めた。静かな中で活動が始まったが，徐々に「ふた，どうなってるの？」「ふたがわからないんだけど…」などというつぶやきが所々で聞こえてくる。ここで全体の手を止めさせ，全体でそのつぶやきを取り上げ，共有した。　**〔つぶやきを共有する〕**

T「何かつぶやいている人が増えてきたけど，どうしたの？」
S「ふたがわからないんです。」「ふた以外はできたんだけど…」
T「展開図のふた以外の部分はどうなったのですか？」(黒板にかかせる)
T「ありがとう。みんなも同じですか？」(何種類かを実物投影して見せる)
T「ふたが作図できないということですね。どんな形かはわかってるの？」
S「長方形でしょ。」　S「平行四辺形だよ。」　S「ひし形じゃないの？」
T「ちょっと待って。みんなの予想を聞いてみよう。長方形だと思う人？」

このように，ふたの形に生徒の関心を向けつつ問いを板書し，予想を聞いていく(図1-1の右)。
《生じた問いを書き残す》〔直観的推論を促す→p.18〕

半分以上の生徒が正方形に挙手した。その後，隣の生徒とペアになり，ふたがどのような図形になるか，またそれはなぜかを話合わせた。
《話合わせる》〔反省的推論を促す→p.18〕

途中，生徒の提案で黒板の見取図(図1-1の左)に点

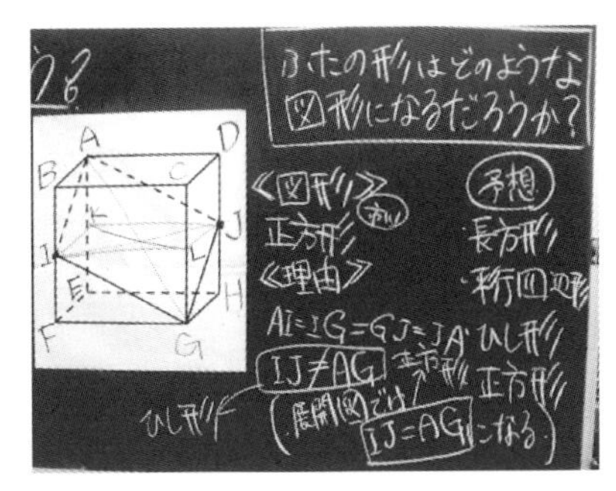

図1-1　板書の一部

A～Jをかき入れた。私は，各ペアの話合いの内容に聞き耳を立て机間を歩き回った。

S1「これ，見た感じ，ひし形でしょ。」
S2「いや，正方形だよ。辺の長さが全部等しいじゃん。」
S1「えー，わかんなくなってきちゃった。」 **《よく聴く》**
S2「Cの位置から見たことを想像するんだよ。ね，正方形でしょ。」 **《よく待つ》**

S2の力説にS1はますます困惑の様子。しかし，その前席のペアはS2の話に強く頷いている。ふた無しの小さな模型を展開図から作って確かめる別のペアもいた。対角線に着目して，ひし形であることに気付いている生徒（S3など）も出始めた。

ここで全体の話合いを少し早めに止めて，全体で考えようと持ちかけた。

《早めに一斉に戻す》

まず，S2を指名して発表させた。

〔たたき台を生かす→p.13〕《生徒自身に説明させる／聴かせる》

S2はAI＝IG＝GJ＝JAであることを理由に，黒板の図を使ってふたが正方形であると発表したが，ペアの相方であるS1はまだ釈然としない表情。S2の発表を受けて，筆者が《図形》と《理由》（図１の中央）を板書すると，突然「先生，違うと思います」とS3が挙手した。

〔食い違いを生かす→p.62〕

S3は自身の記述を基に説明したいというので，プリントを電子黒板に実物投影しながら発表させた。S3は新たに辺AE，CGの中点K，Lを加え，対角線IJとAGの長さが異なることを理由に，ふたがひし形であると説明する。IJ≠AGである根拠は，IJが正方形ABCDと合同な正方形KILJの対角線であること，AGが立方体の対角線であることとしていた。

「おー」，「なるほど」などと聞き手から声が上がった。先に発表したS2も，困惑しきりだったS1も，S3の発表に納得の表情であった。ただ，説明がやや直観的であったため，「次回の授業では，なぜIJ≠AGなのかについて，正方形KILJのような“立体の中の見えない面”に着目してもう少し整理しよう」と投げかけた。

第１時の最後に「疑問が少し残っている人はいますか？」と聞くと，S5は「私の展開図だとIJとAGの長さが等しいんですけど，なんでかなぁーって…」と，S6は「角度は90°じゃないかと思うんです」と話してくれた。「同じように疑問に思っていた人？」と聞くと，かなりの手が…。

〔なぜ考えるのかを共有する→p.10〕

そこで「次回はそのことも考えてみよう」と伝え，生徒からの問いを板書して残し，第２時以降に取り置くことにした。 **《新たな問いを書き残す》**

第２時ではまず，S5の問いを個人で考えさせ，全体で共有した（図1-3）。また，AG＝IJは，IF＋JHが正方形の一辺の長さであれば常に成り立つ性質であり，一つの発見でもある。

その後，S6の問いをグループで話し合わせた。ポリドロンの模型を配付したところ，コンパスを模型に沿わせ，∠IAJをコンパスの股に見立てて操作しながら説明するグループが複数出て，納得に向かっていった（図1-4）。その後，ふたの作図を考え，完成していった。　**《実物を使う》**

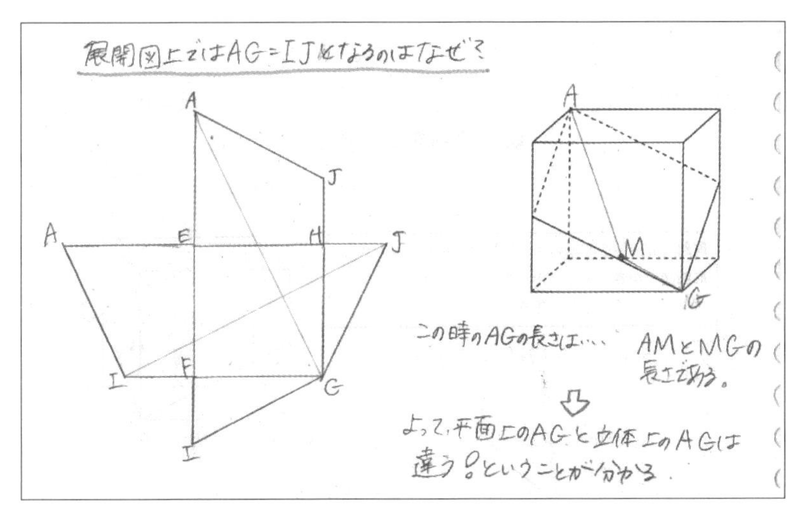

図 1-3　他者の発表で納得したS5の記述

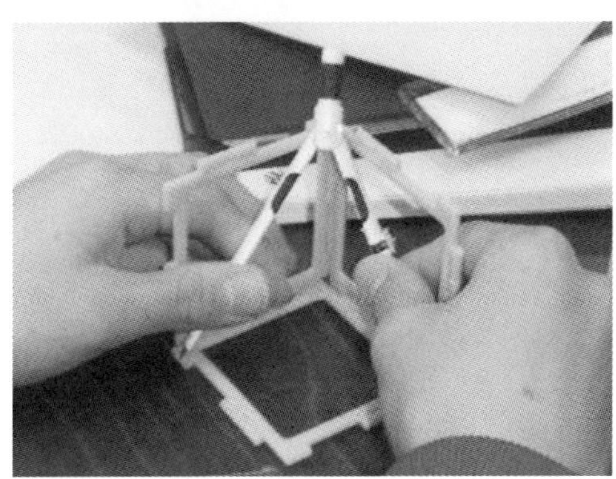

図 1-4　模型とコンパスを使って考える様子

事例2 問いの流れを生徒とつくる
〜中3「式の計算」の授業〜

本授業は，中3「式の計算」の単元が一通り終わった後に1.5時間で扱った。「文字を用いて表現したり，目的に応じて式を変形したり，その意味を読み取ったりして，見いだした『積の回文』が成り立つ条件が正しいことを文字式を用いて説明することができること」が目標で，そのための第1時が本時である。教材「積の回文」とは，「12×42＝24×21」や「23×64＝46×32」のような等式が成り立つ条件を，式の展開や因数分解を用いて説明するものである。

上越市の研修会として上越市立雄志中学校でさせていただいた飛込み授業である。「理科係」「冷凍トイレ」と板書して空気を和ませるとともに，回文に気付かせて授業への関心を高めた。

まず，①12×42を計算させた後，乗数と被乗数を交換して②42×12を計算させた。①と②の積が等しいことは当たり前…という雰囲気であったが，乗数と被乗数のそれぞれの桁を交換して③24×21を計算させると雰囲気が一変。生徒たちは口々に「(①②と③が）なんで一緒？」「たまたまでしょ…」「当然じゃない？」などとつぶやいていく。①と③が等しいことを受けて，「12×42＝24×21」と板書して，このような等式が成り立つことを「積の回文」と呼ぶことにした（図1-5)。

さらに，適当に数を選んでいるふりをして23×64と板書すると，授業者が何も言わないうちに黙々と計算し始める。やがて46×32と積が等しいことに気付き，「すごい」「回文だ！」などと盛り上がり始めた。さらに別の新たな計算を自発的に行っている生徒を見つけて声を掛けた。

T 「ねぇねぇ，何してるの？」
S1 「他にも成り立つ式がないかと思って…。」 〔適用範囲を拡げる→ p.58〕
T 「(全体に）あのさ，これ（積の回文）っていつでも成り立つの？」 《生徒を揺さぶる》

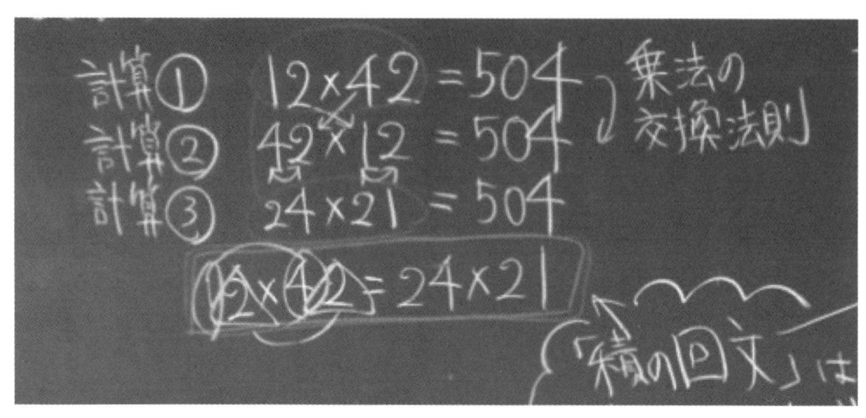

図1-5 積の回文の板書

S1「うーん…。」

T 「あなたの予想は？」 **〔直観的推論を促す→p.18〕**

（持っていたペンをマイク代わりにして一人ずつ言わせる） **《多くの生徒を巻き込む》**

S2「成り立つ。」

T 「あなたは？」

S3「成り立たないときがある。」

T 「あなたは？」

S4「成り立つときと成り立たないときがある。」

T 「なんで？」 **〔nonA を引き出す→p.29〕**

S4「例えば，12×12と21×21は答えが違うから。」

S5「おー，確かに！」

「他にもある」と反例を挙げて，積の回文が必ずしも成り立たないことを主張する生徒も出始める。ここで板書を眺めて授業の流れを振り返らせ， **《板書から流れを振り返らせる》**

問い「積はいくつになるか？」
→ 結論「積の回文が成り立つ等式がある」
→ 問い「積の回文はどんなときでも成り立つか？」
→ 結論「積の回文は必ずしも成り立たない」

という流れで進んできたことを再確認した。全体に「何か気になること，ない？」と問いかけると，ある生徒が「どんなときに成り立つのか知りたいです」と疑問を発言した。これを受けてその問いを板書した（図1-6）。 **《新たな問いを書き残す》**

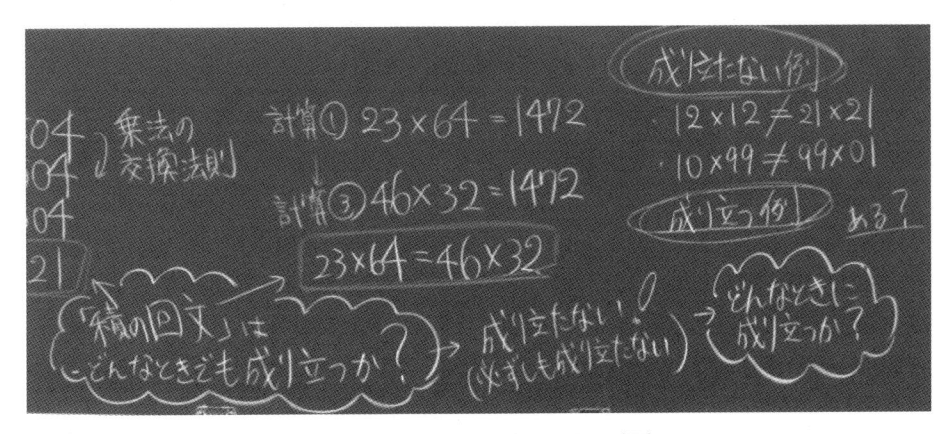

図1-6 矢印で問いの流れを示した板書

その後，4人程度のグループをつくり，成り立つ式を探させた。

T 「成り立つ式を見つけたグループは先生に教えてくださいね」
S6 「できました」
T 「お，すごい！」(見つけた式を板書する (図1-7)) **《式を板書に並べて気付きを促す》**
S7 「先生，できた」
S8 「できた」

生徒が見つけた式を次々と板書することで，生徒たちは競って成り立つ式を探そうとしていった。また，板書したいくつかの式を眺めながら，帰納的に考えて条件や共通点に気付き始めていくグループも出るようになってきた。

S6 「もう1つできました」
T 「なんか，(いくつも見つけるのは) 限られたグループだなぁ。コツとかあるの？」
S8 「あります！」
T 「へー。コツがあるんだって。では見付けたコツ，書き留めておいてくださいね」

《気付きを書き残させる》〔一般化を促す→ p.24〕

その後，2つの班の代表生徒S9，S10に「こういうときに積の回文が成り立つ」という条件について気付いたことを直接板書させ，黒板の前で説明させるように伝えた。また，聞き手の生徒たちが手を止め，顔を上げて聞き，理解しようとしているかどうか，さりげなく目を向けるようにした。 **《考えをよませる》**

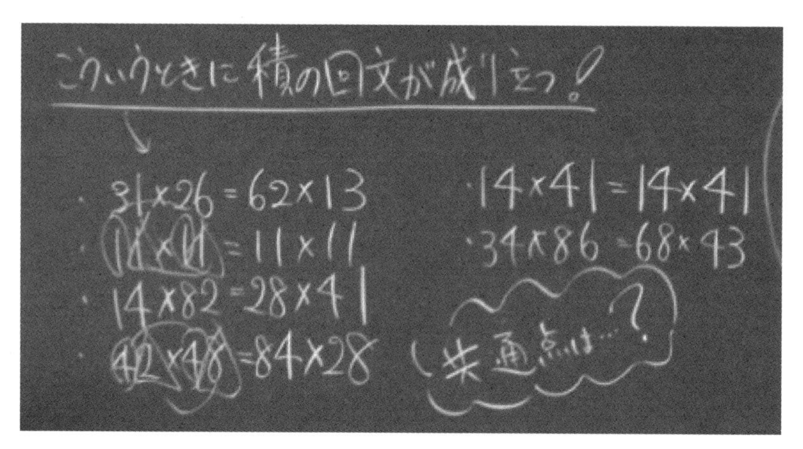

図1-7 見つけた式を並べた板書

まずS9は86×34を黒板に書き，照れくさそうに「かける2とわる2」とだけ説明した。聞き手の生徒には「そうそう」「おー」と共感する反応と，そうではなく首をかしげて理解していない反応とがあったので，S9の発言「かける2とわる2」を授業者が板書し，補足説明を促した（図1-8）。 **《生徒の発言を書き残す》**

《生徒の説明をつなぐ》

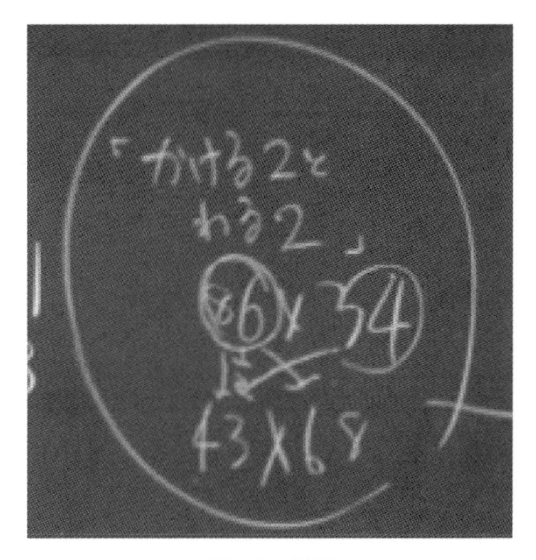

図1-8 説明

するとS9は，被乗数の86を2でわると43になり，乗数の34に2をかけると64になり，積の回文「86×34＝43×68」が成り立つということを，黒板に数や矢印を書き加えながら説明した。聞き手の生徒は「わかった」という反応があったが，「そうとは言い切れない」という声も上がった。実際，「93×13＝31×39」のように，「かける2とわる2」で説明できない場合がある。そこで机間指導の中で共通点をうまく説明できていたグループのS10を指名し，前に出して説明させた。

S10は「31×26＝62×13」と黒板に書き，左辺の「31×26」を例に，被乗数と乗数の十の位の数同士と一の位の数同士をかけると等しくなれば積の回文が成り立つということを説明した。授業者はS10の言っていることがわかったかどうかを聞き手の生徒たちに問いかけた上で，「本当にこうなる？絶対に？」とさらに揺さぶりをかけた。 **〔一般化を促す→p.24〕**

すると，黒板の左側に書き残された31×26＝62×13などの式を指さす生徒がいたので，それらでも成り立つか確かめた。**〔一般化と具体化を重視する→p.24〕〔反省的推論を促す→p.18〕**

図1-9 説明

この流れを受けて，つまりどういうことかと問い，命題の形で言語化するように促した。しかし，明確な命題の形で表現できた生徒がいなかったため，発表した数名の生徒の言葉をつなぎ，「十の位の数どうしと一の位の数どうしの積が等しければ積の回文が成り立つ」と板書した。

このことが正しいことを説明しようと持ちかけた。何を使えばよいかと聞くと，生徒たちは口々に「文字」と答えた。その後文字でどのようにおけばよいかグループで話し合わせた。最後にS11に発表させ，文字を用いて説明する次時への見通しを共有した。

《次時の見通しを立てて終える》

最後には板書を眺め，問いの移り変わりや大切な考え方を生徒と一緒に振り返って授業を終えた。

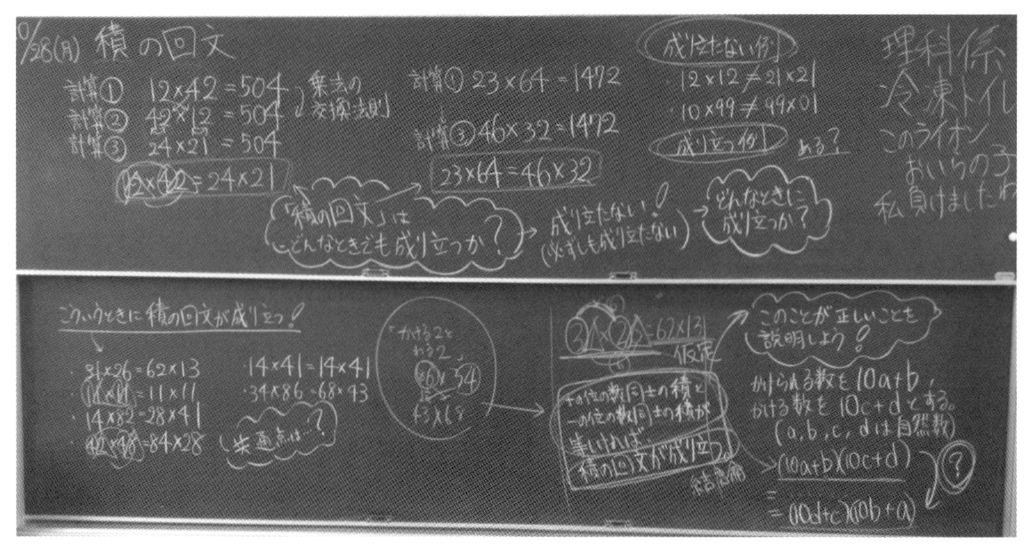

図 1-10　授業の板書

事例3 現実の世界の問いから数学の世界の問いをつくる ～中３「相似」の授業～

本授業は，中3「相似な図形」の単元で，1時間で扱った。「日常生活の場面で対象を理想化・単純化することで直接測れない木の高さを求めることができること」が目標である。

授業では，ボーイスカウトでよく用いられる木の高さを測る方法「水面反射法」（図1-11）を教材とし，みんなの知恵をもち寄って考えてみようともちかけ，次のような問題を板書した。

> **問題** 手鏡とメジャーを使って木の高さを求める方法を考えよう。

数学的に定式化して表されておらず，とても曖昧な問題である。求めるものとしての木の高さはわかるものの，どうやって求めるかはもちろんのこと，何が条件なのかもわからない。

《条件が不足した問題を提示する》

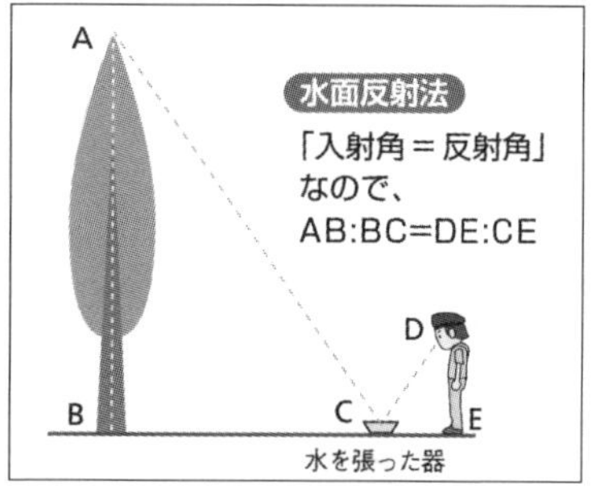

図1-11 水面反射法
（日本ボーイスカウト連盟，2014）

生徒はピンときていない様子。生徒たちは，メジャーはまだしも，手鏡を何のために使うのかはよくわからない。

そこで，まず教室の後方中央（ロッカーのあたり）に木が立っていることとし，鏡を近くのS1に渡して「どう使うえばいい？」と問いかけた。すると鏡に自分を写した上で「こうすると鏡に映った自分の後ろに木が映る」と実演して説明した。一瞬の静寂の後，「それじゃ求められないじゃん！」と教室には笑顔があふれた。鏡の使い方がわかったという生徒は他にもいないようなので，ヒントとして教室の中央辺りに手鏡を実際に置いた。すると，「わかった！」という声がところどころで聞こえるようになってきた。

わかった様子であったS2に「何がわかったの？」と聞くと，席を立ち「この辺に立って鏡を見ると，木の高さが見える」と説明した。「あぁ！」と何かがわかった様子の生徒と，「それで何になるの？」と近くの生徒と話し合い始める生徒。そこで「さっきの考えで求められそうなの？」「求められるっていう人がいるよ」「どこの長さがわかればいいの？」などと生徒とやりとりしながら，人の目の高さが1.5m，人の足元から鏡までが2m，鏡から木まで15mという3ヶ所の長さを指定した。

《生徒とともに問題場面をつくる》

そこで，「まず，この場面を図に表してみたら何かわかるかもしれないね」と全体に伝え，思い思いにかいていった。図1-12はS3がかいた図である。「図」とい

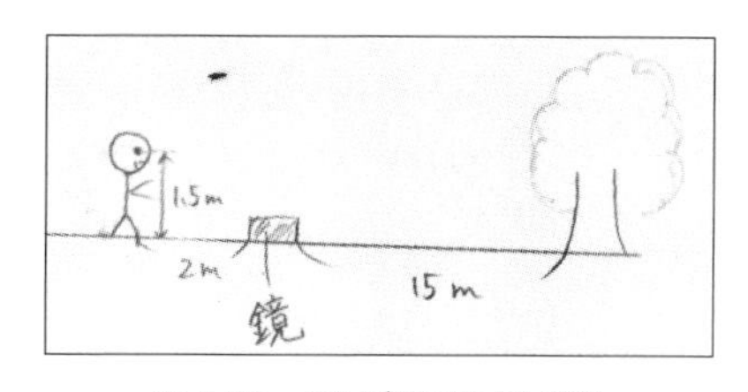

図1-12 S3がかいた図（絵）

うより，人や木，鏡は「絵」といってもよい。そこで図1-12を電子黒板に実物投影して全体に紹介し，教室の横に視点を置いてかくことで位置関係を正しく表せていることを褒めた。その上で，「数学的に考えるときには，解決するために必要ない情報はなくして表すといいよ」と助言した。 〔たたき台を生かす→p.13〕

すると，生徒たちのかく図がしだいに数学的な「図形」に変わっていった（図1-13）。幾何学化（飯島，1987；西村，2003）に向けて変容した点は以下のとおりである。

・木や人の厚みや曲りを無視し，地面に垂直な線分で表す。 〔数学的モデリング→p.40〕
・木のてっぺんや人の目は線分の先端とする。
・鏡の厚みを無視し，線分上の点で表す。

それにより大きさの等しい角に気付き，相似など図形の性質を用いて木の高さを求めていった。はじめはとても曖昧であった現実の世界の問題が，ここでは見慣れた相似の問題になっている。

最後には，「図形で表すため，暗黙でどのようなことが仮定されていたかな」と問いかけ，「地面が平らである」「木や人が垂直に立っている」「木が揺れていない」などを引き出した。

日常生活の問題を考える際は，数学的に表現する過程を大切にするとともに，暗黙で設定していた仮定や条件に目を向け，よりよい解決に向けた新たな問いを残すようにしたい。このことが，新たな数学を生み出す原動力となり得るからである。

《複数の世界での表現や解決を照合させる》《よりよい解決に向けた問いを共有する》

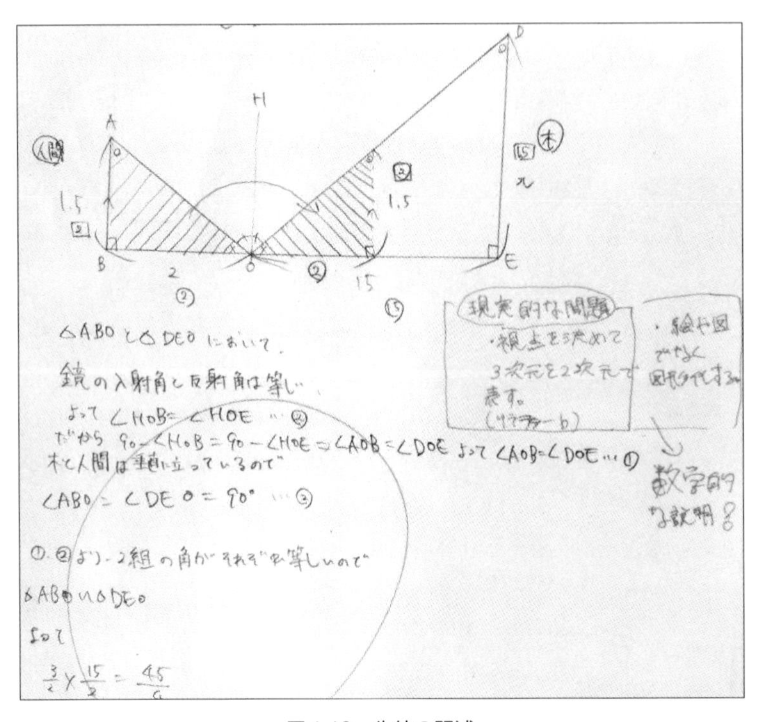

図1-13　生徒の記述

事例4　新たな問いを探究する
～中1「資料の散らばりと代表値」の授業～

本授業は，中1「資料の散らばりと代表値」の単元の後，2年生での総合的な学習の時間への橋渡しとして3時間で扱った。「単純作業を能率的に行うにはどうすればよいかについて，仮説を立てて実験で検証する一連の活動を通して考えることができること」が目標である。

> **問題**　単純作業を能率的に行うにはどうすればよいか

テスト勉強や宿題などを例に，この曖昧な問題を提示した。

〔なぜ考えるのかを理解させる→p.10〕

そのままでは数学的な解決方法の見通しが立たない。そこで，「何か実験をする」という生徒のアイデアに乗り，検証実験として「のの字テスト」を紹介した。「のの字テスト」とは，紙面の印字文章（テキスト）に含まれるひらがなの「の」の字の個数を数える単純な実験である。テキストを準備すれば様々な条件下で実験でき，実際のデータを生徒自身が生成できる。本時では，国語科教科書の付属CD-ROMの本文から，『字のないはがき』（向田邦子）などのテキスト（A4版1枚，46文字×37行の10.5pt.明朝体，段落詰め）を人数分用意した。すべての「の」の字のうち，見付けた「の」の字の割合（%）をデータとして使用した。なお，本時でデータの整理の時間短縮のために，タブレットPCを1人1台ずつ渡し，フリーの統計ソフトstathistを使用させた。

「単純作業を能率的に行うにはどうすればいいかな？」とオープンに問いかけたところ，生徒は，能率よく行うための要因や実験を行う上でのルール・注意事項などを発表した（図1-14）。これらを授業者の方で仮説とルール，授業で扱えることと扱えないことに分けた。その後多数決で，歌詞がなくテンポの速いBGMを流して実験を行い，流さないで行ったときと比べることになった。

《仮説を立てさせる》〔直観的推論を促す→p.18〕

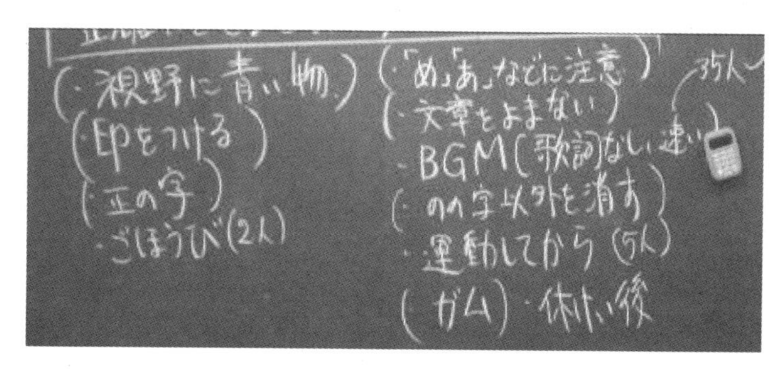

図1-14　挙げた要因・ルール

> **仮説** 「のの字テスト」を普通に行ったときより，歌詞がなくテンポが速いBGMを流して行った方が正確にできるだろう。

という仮説（生徒に言わせた言葉）を板書し，この仮説の検証を学級の課題とした。

《仮説を書き残す》

BGMは多数の候補の中から『天国と地獄』（オッフェンバック作曲）を流すことになった。

まず音楽をかけずに実験をした後，『天国と地獄』を流して実験した。全員のデータを１人ずつ入力すると,stathistの度数折れ線は**図1-15**（薄色が『天国と地獄』。縦点線は中央値表示）になった（単位：%）。つまり普通より『天国と地獄』を流した方が「のの字テスト」が少しは正確にできたが，ほとんど差がない結果となった。平均値と中央値の違いにも着目させた。

その後，これまでの過程を振り返り，次にどうするかと問うと，BGMを変えて再実験することになった。いくつかの候補の中で『くるみ割り人形』（チャイコフスキー）に決まりかけた。しかし，「それ（くるみ割り人形）はどんな音楽を代表しているのでしょう？」という問いかけに対して，最初に立てた仮説に戻り，「歌詞がなくてテンポの速い音楽がいいと思う」との発言があった。続いて，「歌詞があってもいいからテンポが速くてノリがいい曲がよくない？」との発言があり，これを踏まえて『夏祭り』（Whiteberry）を流しながら実験を再度試みることになった。

《最初の問いに戻らせる》〔直観的推論を促す→p.18〕

また，「実験方法は同じでよいですか？」と問いかけたところ，3分間で「の」の字に印をつけて，終了合図の後に個数を数えれば，数え間違いが減って各自の能力が正確に測れると思うという提案があり，全体の同意を得た。以前の実験方法を評価・改善したのである。

上記の方法で実験を普通に行った後，『夏祭り』を流しながら実験を行ったところ，普通よりも『夏祭り』を流したときの方が「のの字テスト」が正確に行え，その差ははじめの実験より大

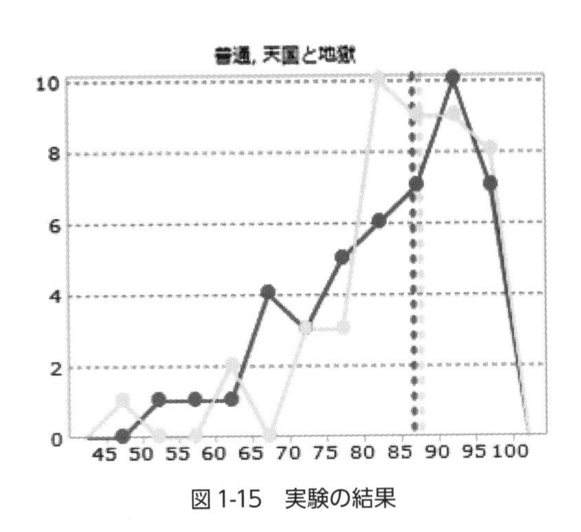

図1-15　実験の結果

きく出た。度数折れ線は図1-16（薄線が『夏祭り』）となり，グラフが右へスライドして見える。分析をもとに，最初の問題に対する結論を，根拠を明らかにして説明させた。最後に，よりよい解決に向けて必要なこととして，「データ数を増やす」「別の人で実験する」などの改善策を生徒から引き出すことができた。

事例3の「木の高さ」の数学的モデリング授業と同様に，日常生活の問題を統計的に考える際にも，統計で検証可能な問題で表現する過程を大切にするとともに，より妥当性のある結論が得られるように新たな問いを残すようにしたいものである。よりよい解決をさらに生み出そうとする態度につなげたいものと考える。　　　　**《よりよい解決に向けた問いを共有する》**

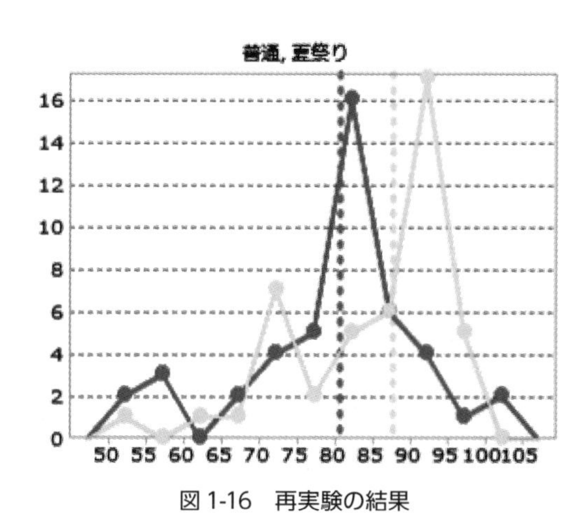

図1-16　再実験の結果

■■ 第1章の引用・参考文献

ボーイスカウト日本連盟(2014).『SCOUTING　No.699　1月号』, p.21.
http://www.scout.or.jp/scoutingmagazine/_userdata/media/2014_01_sokuryou.pdf
藤原大樹(2012).「統計的問題解決過程の主体的な進展を目指した「のの字テスト」の授業の試み」,『第45回数学教育論文発表会論文集』, 日本数学教育学会, pp.311-316.
飯島康之(1987).「数学的モデル化におけるgeometrizationについて」,『日本数学教育学会論究』, 第47・48巻, pp.27-30.
西村圭一(2003).「幾何学化をめざす授業の研究」,『科学教育研究』第27巻, pp.223-231.
相馬一彦(2000).『「問題解決」に生きる「問題」集』, 明治図書, pp.13-30.

第2章 実践編

活動は探究的に進んでいるか

G.Polyaは「問題解決」における「問題を理解すること」「計画を立てること」「計画を実行すること」「振り返ってみること」の4段階を提唱した（G.Polya, 1954）。問題解決の過程で生徒の活動が主体的であればあるほど，振り返ってみることで新たな問いや見通しが生じてくることが多い。実際，教科を横断する総合的な学習の時間においては，図2-1のように探究的に学習が進んでいくことが望ましいとされている（文部科学省，2008a）。探究とは「物事の本質を探り究めること」である。数学の授業では，この探究の過程が現れやすい。学習指導要領（文部科学省，2008b）の〔数学的活動〕の記述も，図2-2（筆者作成）の探求的なサイクルで表現できる。特に，第1章の「木の高さ」の授業（事例3）であれば数学的モデリングの過程（図2-3），「のの字テスト」の授業（事例4）であれば統計的問題解決の過程（図2-4）を辿るが，生徒による各相の進み方は極めて複雑であることに留意したい。授業では生徒の見通し（事例1）と振り返り（事例2）を重視し，問いから問いを生み出したい（事例3）。

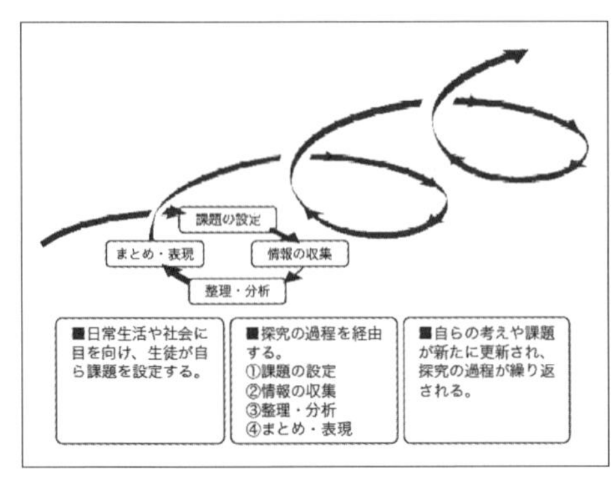

図 2-1　総合的な学習の時間における
探求的な学習の過程（文部科学省，2008a）

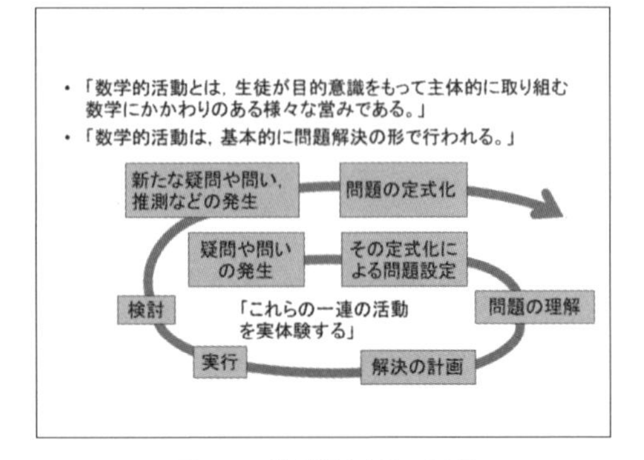

図 2-2　数学的活動の過程
（文部科学省，2008b　図は筆者作成）

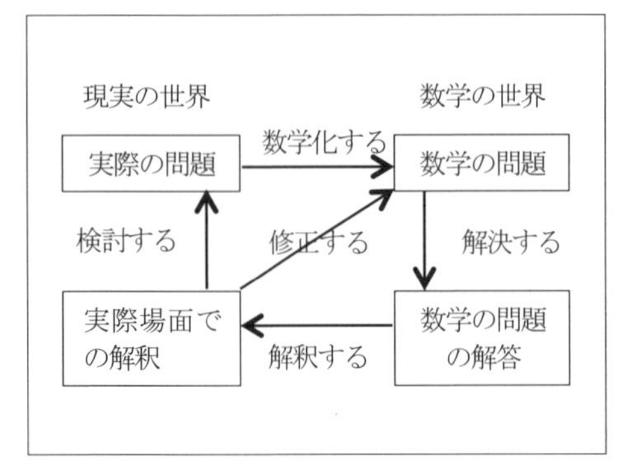

図 2-3　数学的モデリングの過程
（池田・山崎，1993）

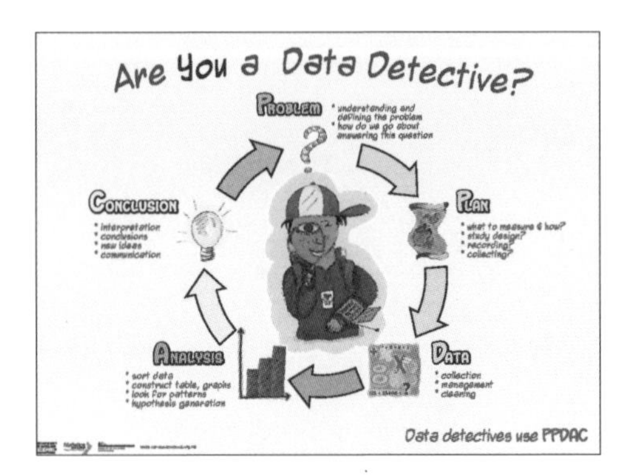

図 2-4　統計的問題解決の過程
（wild & Pfannkuch，1999）

事例1 何をどのように見通すのか
～中2「式と計算」の授業～

本授業は，中2「式の計算」の単元末に1時間で扱った授業である。「文字を用いて表現したり，目的に応じて式を変形したり，その意味を読み取ったりして，命題が成り立つことを説明することができること」が目標である。図形の性質を見いだし発展させたレポート作成に向けたものである。本授業では，まず原題として次の問題を扱った。

問題 正方形に内接する１個の円（図A）と，同じ正方形の１辺に３個並ぶように内接した９個の円（図B）とでは，どちらの面積が広いだろうか。

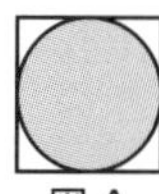
図A

図B

まず，どちらが広いと思うか，見た目で予想をさせたところ，「図Bが広い」が約半数，「等しい」が約半数であった。見た目から直観的に結果の見通しを立てる場面を設けることで，論理的には実際どうなっているかが知りたくなり，目的意識が明確になる。

〔直観的推論を促す→p.18〕〔反省的推論を促す→p.18〕

ここでは，敢えてはじめに「どこの長さをどうおけばよいだろうか」と問いかけることはしなかった。すべての生徒を解決に向かわせるために，解決の方法の見通しを立てる場面を全体で設けることは大切であるが，ここでは設けなかった。その理由は次の2つである。

理由１：生徒の実態からして，方法の見通しについて助言する必要がある生徒がそれほど多くなさそうであるから。机間指導で個別に「どこの長さがわかればいいかな」などと声をかけていくことが全体として思考力を伸ばすには有効であると考えた。

理由２：本時ではどこの長さをどうおけば説明できるか，あるいは説明しやすいかに焦点を当てて比較・検討したかったから。個人で考えさせた後，全体で共有するときに，それらを論点にしようと考えた。

机間指導では，図Aの円の半径や図Bの円の半径，正方形の一辺を具体的な数でおいて考えている生徒は数名であったため，「図Aの円がどんな大きさのときも説明するためにはどうすればいいかな？」などと声かけしていき，文字で考えさせていくようにした。

《方法の見通しに向けて個別に助言する》

その間に，図Aの円の半径をxとおいたS1と，図Bの1つの円の半径をxとおいたS2に，説明を板書させた。説明の記述が途中で止まってしまい，S1が書いている板書を参考にして自分の記述への見通しを立てている生徒も見られた。 〔他者の考えをよませる →p.34〕

まずS1に黒板の前で説明させた。板書に貼っていた図には記号がふられていなかったため，途中で説明に困ってしまったので，マジックを手渡して図にかき込ませ，その後の説明をさせ

図 2-5　必要なことを書きこみながら説明する S1

た（図 2-5）。

次に，S2 に説明させた。S1 の文字の置き方に比べ，S2 の文字の置き方の方が分数が出てこないという点で計算処理が簡単になる。どこの長さをどう置けばよいかという見通しを，その後の活動に向けて指導した場面である。

なお，発表者へのフォローには十分に配慮したいものである。それと同時に，聞き手の生徒への配慮も忘れないようにしたい。具体的にいうと，生徒を前に出して発表させる際，発表者の説明を聞きつつも，できるだけ聞き手の生徒の方にも目を向け，関心をもって聞いているか，またどんな表情で聞いているかをさりげなく確認するということである。生徒どうしの言語活動が目の前の生徒たちのためのものになるかどうかは，生徒どうしの受信，思考，発信の繰り返しがうまくできているかが大切である。聞き手の生徒の頭の上を通り過ぎるような，形ばかりの言語活動では，生徒の納得も新たな問いも生まれない。発表者が図 2-5 のように見える教室の位置（前方の角あたり）から，聞き手の生徒の様子を見ると，図 2-6 のように見える（よく

図 2-6　聞き手の様子を確認する授業者の視野

聴いていることがわかる）。発表する生徒を指名した場合，どのような説明をするかを授業者は概ね想定できているであろう。したがって発表を注視する必要はなく，聞き手の生徒の様子こそ注意を向けるべきである。余談だが，サッカーでは次のプレーに向けて広い視野を得るためによい体の向きを確保することを「Good Body Shape」という。数学の授業においても，生徒の

問いがどこに向いているかなど，生徒に関わるたくさんの情報をリアルタイムで入手できるように，この「Good Body Shape」を意識したい。　**《広い視野とよい体の向きを確保する》**

この積み重ねが温かみのある聞き方ができる生徒と学級を育て，全員の前で恐れずに考えを話すための自己有用感を育てると考える。そして授業に流れができ，次の見通しにつながる。

また，生徒の発表を一方通行のままで終わらせず，不足点や誤りがもしあれば，それに気付かせたい。その上で，お互いの考えや表現をよりよく改善することの価値を全員で共有し，習慣化したい。　**〔たたき台を生かす→p.13〕**

ここでは温かみのある言い方が必要であるし，その後の教師の配慮あるフォローの一声が不可欠である。

さらに，場合によっては，よく似ているが少し異なる考えや表現をしていた生徒を指名して発言させるなど，1人の発表から多くの生徒を巻き込みながら，考えを広げたり深めたりすることも大切である。本授業では，S3は自力解決の中で，はじめの問題の説明の後，比較する数量を変えて「どちらの円周が広いか，比はどうなっているか」について発展的に考えていた。そのS3を指名し，「密かにやっていたことを教えて」と授業者から依頼し，自席で説明をしてもらった（図2-7）。　**《考えの違いを探る》**

図2-7　別の生徒（S3）を巻き込む様子

S2の活動の紹介などの流れから，原題の条件を一部変えて新たな問題について考えるレポートづくりを提示した。このような発展的に考えるレポートはそれほど慣れていないため，生徒たちは問題の変え方に戸惑うことが予想される。そこで，S3のような，比較する数量を変える

図2-8　条件の変え方の例を前で発表するS4の様子

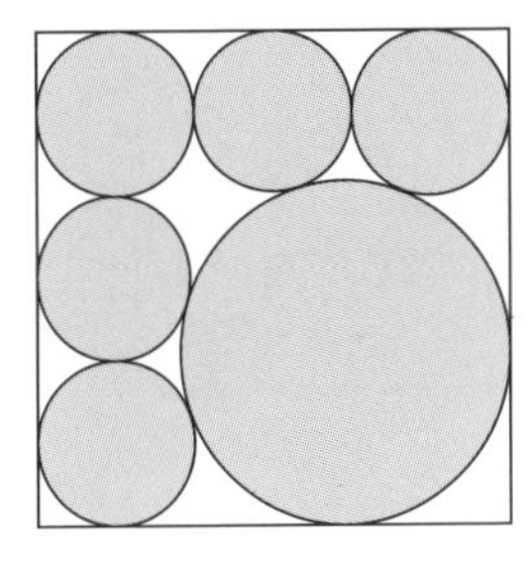

図2-9　S4のイメージ

以外で,「どんな変え方があるか」と問うたところ，S4が「ここら辺はそのままで，ここの4つは1つの円にする」と自席で説明し始めた。　〔発展的な思考→p.48〕《問い方を例示する》

しかし，他の生徒に口頭でうまく伝わらないため，前に出て説明するように促し，黒板の図で問題の変え方を説明しているのが図2-8である。

レポートについては，条件を変える際，見通しをもって自律的に探究できるように「なぜそう変えようと思ったか」を書かせるとともに，一連の数学的活動の価値を自覚できるように，最後に振り返って感想を書かせるようにした（藤原，2015)。《レポートに着想と感想を記述させる》

授業のはじめには見通しをもてなかった生徒も，工夫して文字でおき,「こう変えても等しいだろう」などの自分の予想・仮説に従い，説明をレポートに書いていった。

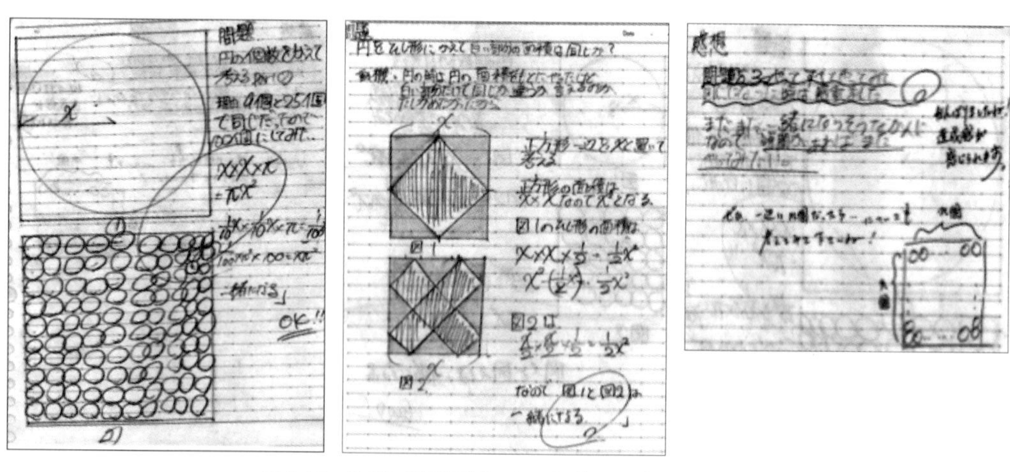

図 2-10　数学に苦手意識のある生徒のレポート（一部）

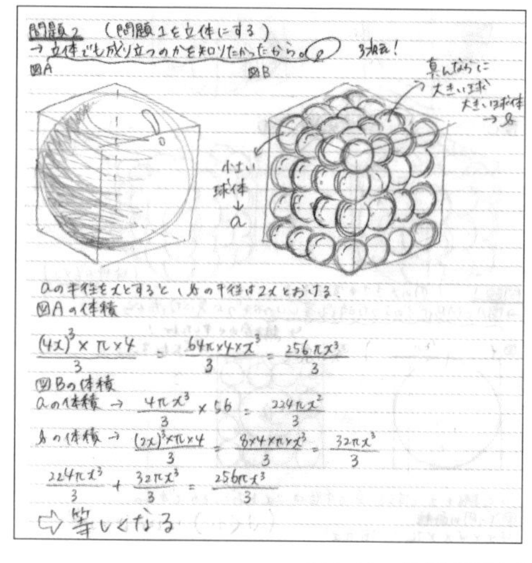

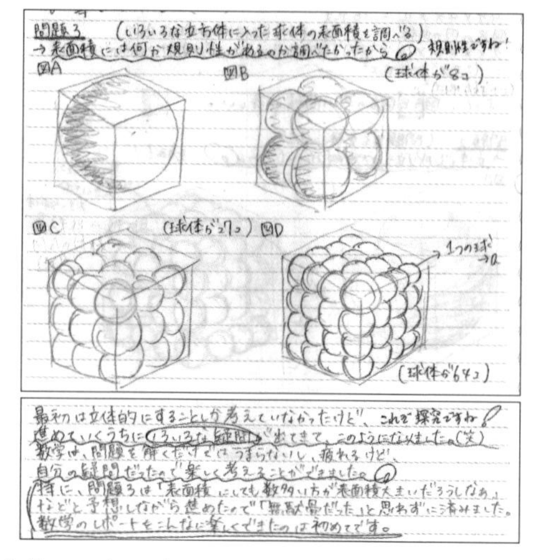

図 2-11　数学が好きな生徒のレポート（一部）

事例2 何をどのように振り返るのか ～中3「円」の授業～

本授業は，中3「円」の単元で，円周角の定理とその証明，円周角の定理を用いた求角問題に取り組んだ後に1.5時間で扱った。「円周角の定理の逆を理解すること」が目標である。本時の教材「シュートの入りやすさ」では，主人公の「コロコロくん」のサッカーのシュートの問題を取り上げ，1.5時間で扱う。

> **問題** 図2-12のP，Q，Rの地点のうち，最もシュートが入りやすいのはどこだろうか？

図2-12では，左右のゴールポストを点A，Bとしたとき，$\angle APB = \angle AQB = 30^\circ$，$\angle ARB < 30^\circ$ になるように位置を設定した。点P，Qは2点A，Bから等角の位置である。生徒が分度器や三角定規で角の大きさを比較し，シュートの入りやすさを判定すること，また，等角の位置にある点を他にも取っていくことにより，円を見いだすこと（円周角の定理の逆）を期待した。

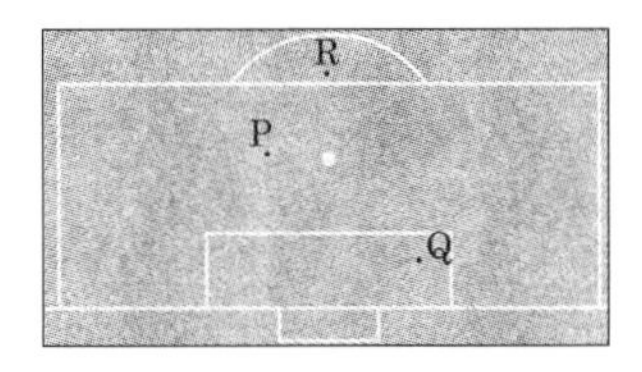

図2-12　P，Q，Rの各地点

第1時の導入では，サッカーの画像を見せて関心を高め，上記の問題を提示した。条件として「キーパーなし」で考えていくことを教師から提案し，「（シュートがゴールに）必ず届くものとする」，「ゴールを見込む角の大きさで（入りやすさを）判定する」などは生徒が決めていくことで，上記の現実的な問題を「$\angle APB$，$\angle AQB$，$\angle ARB$を比較しよう！」という数学的な問題で考えることになった（図2-13）。

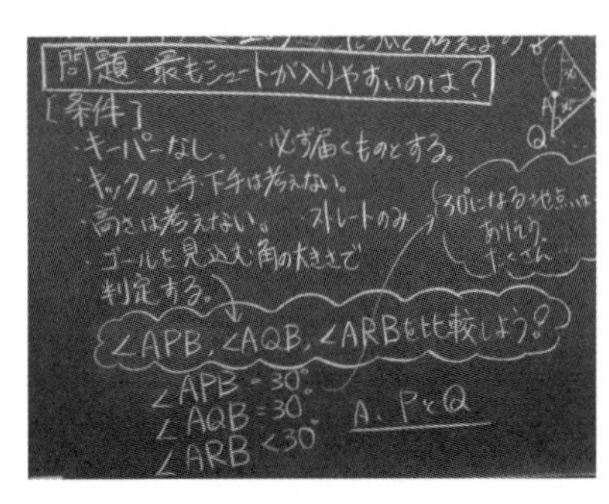

図2-13　現実の問題から数学の問題へ

〔理想化・単純化を促す→p.43〕《生徒と問題をつくる》

まず生徒には，見た目で結果を予想させた。〔直観的推論を促す→p.18〕

点Pと点Qがそれぞれ半数ずつという感じであった。ワークシート①を配付し，生徒は持参していた三角定規などで実測して$\angle APB = \angle AQB = 30^\circ$，$\angle ARB < 30^\circ$を見いだし，はじめの現実の問題に対する解答として，「PとQが最も入りやすい」が得られた。

通常の数学的モデリングの過程（図2-3）をたどるならば，理想化・単純化した過程を振り返り，棚上げしておいた条件を付加して，現実場面に合ったよりよい解答を目指して思考していくことになる。しかし本授業では，現実場面から数学（円周角の定理の逆）を抽出して，具体例とともに理解を豊かにしていくことがねらいであるため，数学的モデリングの過程の2サイクル目は意図していない。

解答が一旦得られた後,「他に30°になる地点はあるの？」と問いかけた。すると，生徒たちは「ある」「たくさんある」と答えた。「円になる」とつぶやく生徒もいた。そこで30°になる点を，三角定規を点A，B間に合わせて探させた。生徒たちは作業を通してその点の集合が円になることを見いだしていった。点A，B，P，Qが同一円周上にあることを見通し，三角定規やコンパスを用いて円を作図して確かめたS5のような生徒もおり，S5の記述を電子黒板で実物投影して紹介した（図2-14）。

ここで「つまりどういうことがわかったの？」と投げかけ，作業を振り返って見いだした数学を自分なりの言葉で記述させた。　　　　　　　　　**《振り返って自分なりの言葉で記述させる》**

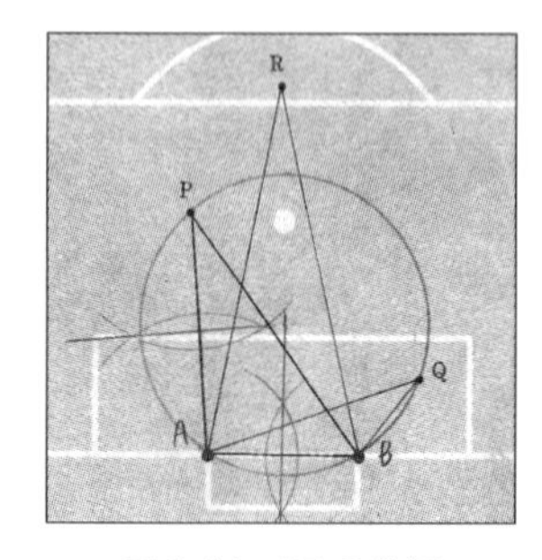

図 2-14　S5 の作図

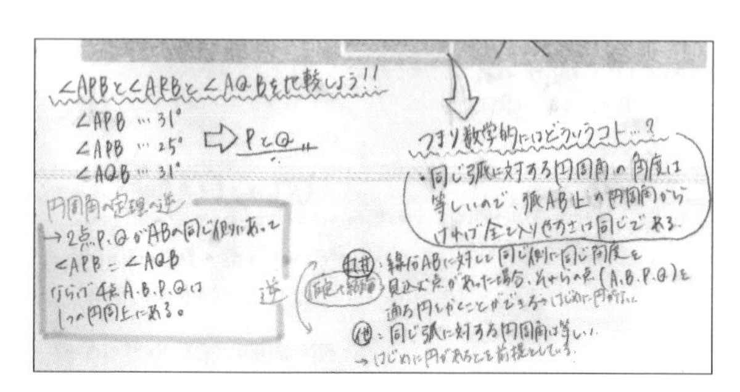

図 2-15　S5 ワークシート①（表面）

するとS5が書いた図2-15の「同じ弧に対する円周角の角度は等しい」のように，円周角の定理を記述する生徒が4分の1程度いた。その後，近くで読み合い，意見交換する時間を短く設けた。「どっちが合ってるの？」などというつぶやきも聞かれ，問いが生じていた。

《考えや表現の違いを探る》

そこで，全体で発表を求めると，静寂の後，定理の逆についての発言があり，板書した。その後発言はなく，数多く見られた定理の記述を紹介し，板書した（図2-16）。この2つは仮定と結論が入れ替わっていることに気付かせた上で，どちらが正しいかを問うた。シュートの入りやすさを考えることで，円周角の定理の逆が成り立つことを見いだしたということを理解させ，本時のめあてを黒板の左上に書き強調した（図2-16）。　　　　　　**《めあてを強調する》**

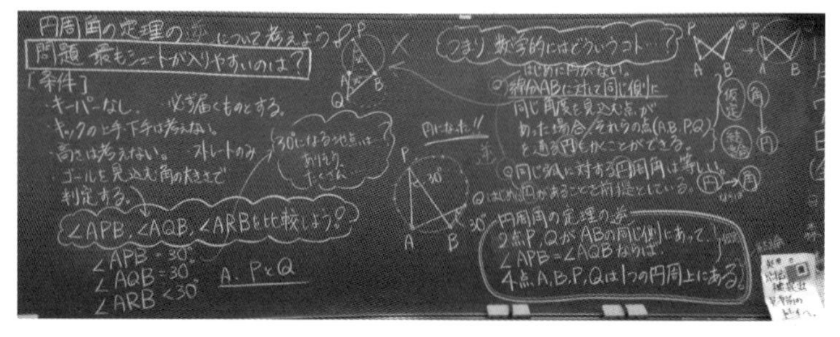

図 2-16　円周角の定理の逆の授業の板書

第2時では，円周角の定理の逆の意味や価値を考えて記述させようと，ワークシート②を配付し，確認問題（選択式の問題1，記述式の問題2）に取り組ませた。

《具体的な問題への取組から自己評価させる》

円周角の定理とその逆の違いを明確に意識して，求答や証明の根拠として用いることを指導した。

その後，1.5時間の振り返りとして「円周角の定理とその逆の相違点をまとめよう」と問いかけ，ワークシート①の裏面に記述させた。単に「感想を書こう」「わかったことを書こう」とは指示しなかった。そうではなく，記述する対象（相違点）を明確に意識させて書かせることで，自分のわかり具合を自覚することを意図した。　**《対象を明確にして振り返りを記述させる》**

すると，ほぼ全員が図2-17のS6のように「円がない」「円ができて円周角が使える」などと，使える場面や使う意義などを記述できていた。その後，全体で3人を指名して記述内容を口述させ，共有，板書した。　**《振り返りを共有する》**

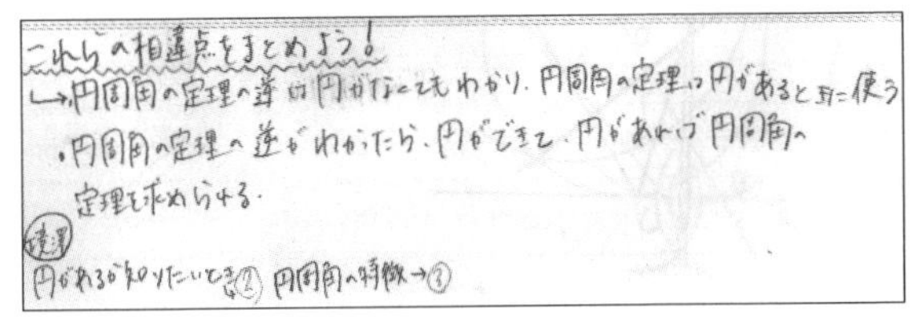

図 2-17　S6 のワークシート①（裏面）

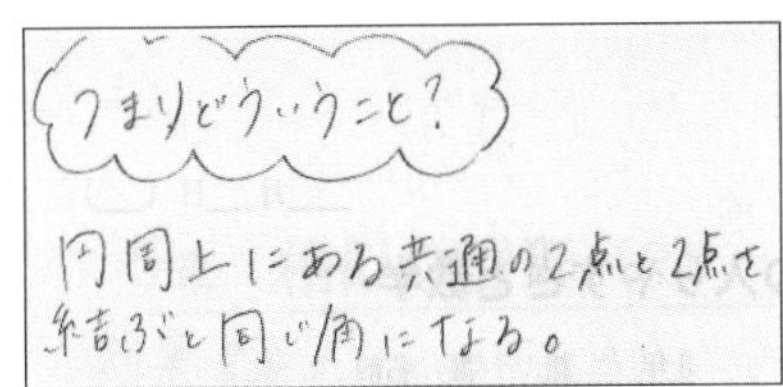

図 2-18　S7 のワークシート①（裏面）

また，S7のように，最初は定理とその逆を区別して記述できなかったが(図2-18)，確認問題への取組(図2-19) を含めた指導を通して，評価問題（記述式の問16）では定理とその逆を明確に区別して根拠に用いている生徒もいた(図2-20)。

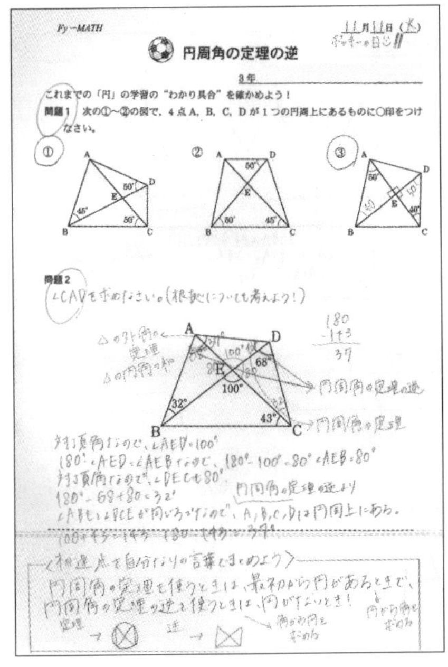

図 2-19　S7 のワークシート②

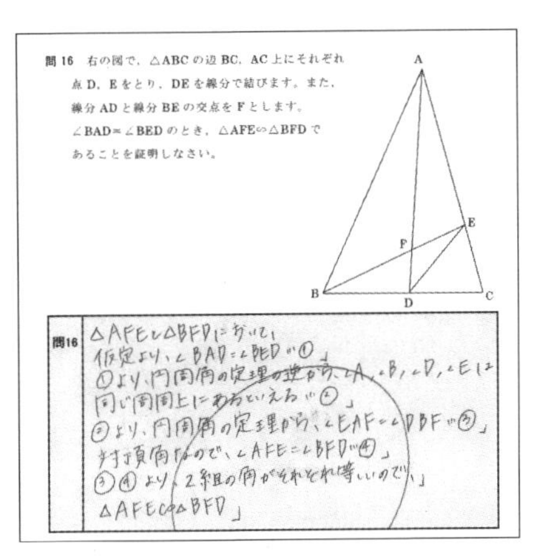

問16　右の図で，△ABCの辺BC，AC上にそれぞれ点D，Eをとり，DEを線分で結びます。また，線分ADと線分BEの交点をFとします。∠BAD＝∠BEDのとき，△AFE∽△BFDであることを証明しなさい。

図 2-20　S7 の評価問題（証明）への記述

事例3 問いから問いへ
～中3「三平方の定理」の授業～

本授業は，中3「三平方の定理」の単元末に1.5時間で扱った数学的モデリングである。「日常生活の場面で対象を理想化・単純化することで直角三角形とみなしたりして，三平方の定理を用いることで，富士山の見える範囲を考えることができること」が目標である。授業者は筆者が指導した当時の大学3年生の教育実習生，I先生（女性）とY先生（男性）である。

I先生の授業が提示した問題は，以下のものである。

> **問題**　富士山は最大でどのくらい遠くから見えるでしょうか。

これも曖昧な問題である。この問題文だけでは，数学を使って解決できる問題なのかどうかもわからない。事象の理想化・単純化を意識した授業は，ぜひここからスタートしたい。

導入では，「富士山を見たことある？」「どこから見たことある？」などと生徒の経験を聞くことで関心を高め，上記の問題を提示した。 〔問題場面と生徒との関連性を重視する→p.46〕

その後，「ビルや山など遮るものは考えない」「海抜0mから見ることとする」「地球は球と捉える」など，生徒と場面を理想化・単純化していった。その後，「まず図で表してみて」と指示した。生徒たちは何のために何を図に表すのがわからないながらも，試行錯誤でかいたのが図2-21である。

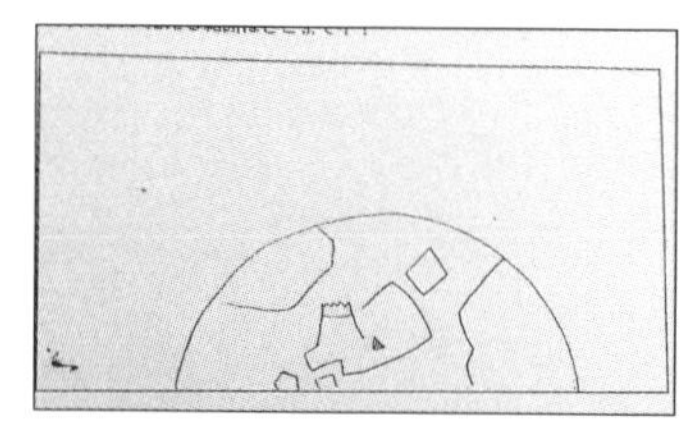
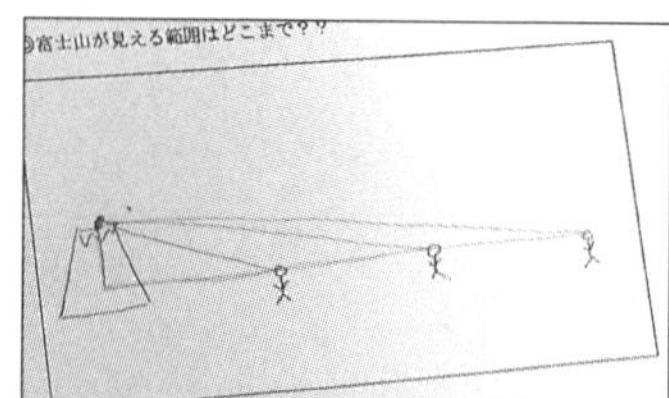

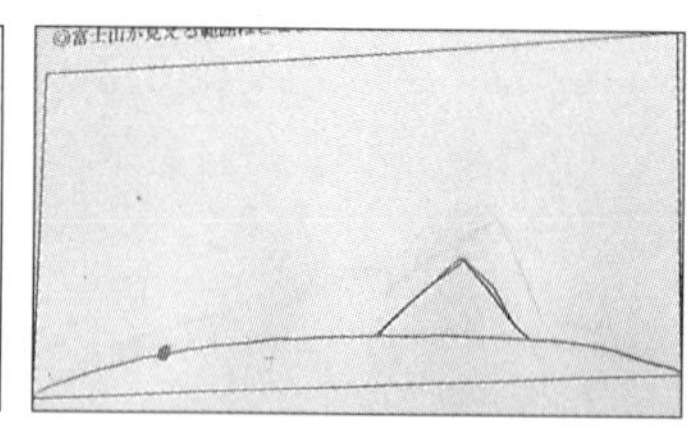

図2-21　S8，S9，S10がかいた最初の図

このままでは何が問題かが捉えられないまま授業が終わる。ここで，おもむろにI先生は教卓の中からボールと定規と山折りした小さな画用紙を取り出した。ボールを地球に，画用紙を富士山に見立てて模型をつくり，定規を目線として「見える／見えない」を実演して見せたのである。

《模型を使う》

図2-22　実演する様子

図 2-23　話し合う様子

図 2-24　説明する S11 の様子

3次元の模型を基に近くの生徒どうしで話し合わせ（図 2-23），図や絵を2次元の図形で幾何学化していった。　**〔複数の世界の表現を扱う→p.35〕**

S11を指名し，かいた図を電子黒板に実物投影し，どのような図をかいたのか短く説明させた（図 2-24）。さらに，しばらくしてから点などを記号化して，直角三角形を見いだしていたS12を指名し，黒板に図をかかせ，説明させた（図 2-25）。はじめの現実的な問題は「図 2-25の図でABの長さを求めなさい」という数学の問題となっている。最初に見通しの立たなかったS8は，自力でABを求められた（図 2-26）。

I先生は授業のまとめとして，事象を理想化・単純化して表すことの重要性を強調した。

図 2-25　説明する S12 の様子

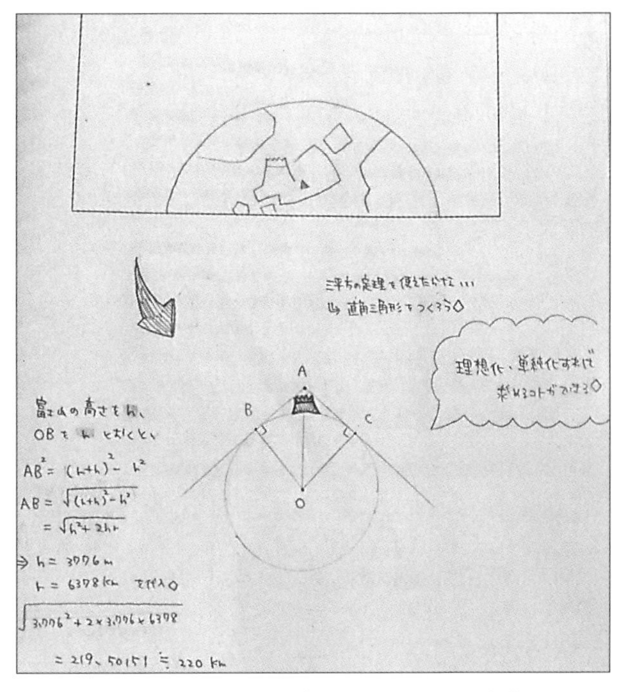

図 2-26　授業で S8 が最後は自力で求めた解答

一方，Y先生の問題は，その数日後に行く九州修学旅行に合わせ，異なる山を扱った。

> **問題**　雲仙岳は最大でどのくらい遠くから見えるでしょうか。

Y先生はI先生と同じように，「遮るものはないこととする」「視力や天候は考えない」などと理想化・単純化していった後，同じように幾何学化していく過程をていねいに扱った。さらに，「どこを求めればいいのだろうか」と強調して発問した点がI先生とは違った。

《求める数量を問う》

その結果，「山の頂上」と「山が見える地点」を結んだ線分の長さ（図2-27のa）を求めるだけではなく，「山の麓（真下）」と「山が見える地点」をつなぐ地表の弧の長さ（図2-28の弧PB）を求めようとする生徒もいた。しかし，おうぎ形の中心角がわからないため求められない。そこで，S13は「山の麓（真下）」と「山が見える地点」を結んだ線分の長さ（図2-27のb）を，おうぎ形を直角三角形とみなして求めた。さらにS14は，これらの長さがほぼ変わらない理由について，微小な中心角に着目して解釈していた（図2-28）。

ちなみに，生徒たちは中1「一次方程式」の単元で「5円玉の穴から満月は見えるか」（島田，1990）について，二等辺三角形をおうぎ形に近似して考える経験をしている（藤原，2012）。本授業の後に似た経験を聞くと，S13もS14もこの授業を挙げていた。これらの授業では，近似してもよい理由（頂角や中心角が微小であること）も共通する。

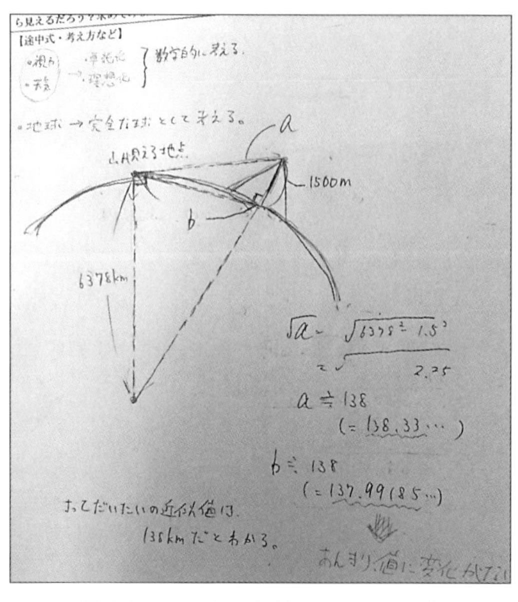

図2-27　a ≒ b に気付いたS13の記述

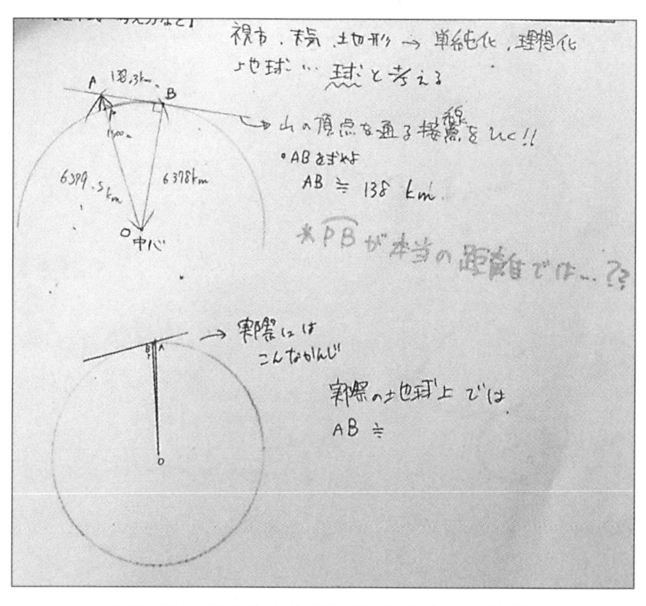

図 2-28　微小な中心角に着目した S14 の記述

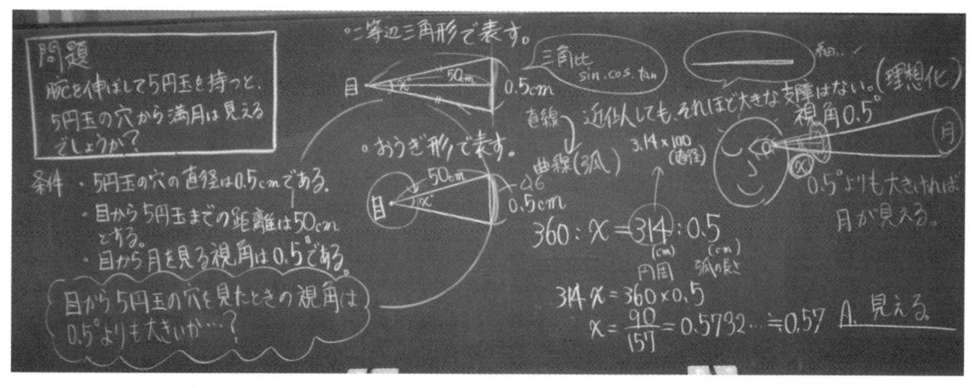

図 2-29　中 1「一次方程式」で，二等辺三角形をおうぎ形に近似して考えた授業の板書

■■ 第 2 章の引用・参考文献

藤原大樹(2012)．「数学的モデリングの初期指導における言語活動」，『日本数学教育学会誌』，第 94 号第 7 号，pp.2-5.

藤原大樹(2015)．「レポート作成を通した数学的活動による指導と評価～数学的な思考力・表現力と自律的活動力の育成を目指して～」，『日本数学教育学会誌』第 97 巻臨時増刊，p.354.

G.Polya(1954)『いかにして問題をとくか』，丸善出版.

池田敏和・山崎浩二(1993)．「数学的モデリングの導入段階における目標とその授業のあり方に関する実例的研究」，『日本数学教育学会誌』第 75 巻第 1 号，pp.26-32.

文部科学省(2008a)．『中学校学習指導要領解説総合的な学習の時間編』，教育出版，p.13.

文部科学省(2008b)．『中学校学習指導要領解説数学編』，教育出版，pp.52-53.

島田茂(1990)．『教師のための問題集』，共立出版，p.54.

Wild, C.J. & Pfannkuch, M.(1999), *Statistical Thinking in Empirical Enquiry. in International Statistical Review*, 67(3).

第3章
実践編

活動に評価は生きているか

生徒の問いを引き出し，生かして授業を進めていく上で，生徒の思考や表現，意欲，知識・技能の「評価」は欠かせない。しかしながら，「評価」の捉え方は多様にある。評価について論じる際，いま何を「評価」といっているのか，明らかにしておく必要がある。

評価にはその機能によって，診断的評価，形成的評価，総括的評価に分けられる。また，その方法によって，筆記テスト，実技テスト，ポートフォリオ評価，パフォーマンス評価などがある。何によって評価するかによって相対評価や認定評価，目標準拠評価などがある。

本書で特に論じたいのは，生徒の指導に生かすための評価である。1時間の授業で（**事例1**），また単元や小単元など中長期的なスパンで（**事例2**），生徒の反応をどのように評価してどのように指導に生かしていけばよいのか，これらについて学習指導案を基に考えたい。

例えば，職員室の数学科の同僚と，あるいは授業研究会の研究協議中に，「評価についてなんですが…」と話題が挙がったとする。そのとき，「あなたの話題にしたい評価の機能や方法は何ですか？　何による評価ですか？」などと詳細な共通理解を図るのは煩わしく現実的でないだろう。そこで横浜国立大学教育人間科学部附属横浜中学校（2012）では，評価の主たる目的によって「指導に生かすための評価」と「記録するための評価」の2つに大まかに分けて捉え，学習指導案などには評価規準にそれぞれ○印と◎印を付記し，位置付けを明示している。日常の各授業の中で何に焦点を絞って○印の評価をし，これを基に指導して，その成果をいかに◎印の評価として記録に残すのか，その指導過程が1時間の授業となり，単元や小単元となる。

ここで，指導に生かすための評価に関して，澤田・橋本（1990）は，指導過程における評価と手立てを次のように捉えている。

評　価：授業展開中の教師の発問や友だちの発言・提案に対する生徒の反応を解釈・価値判断すること。
手立て：その評価をもとに，その生徒の望ましい方向を考えたり対処の仕方を示すこと。

生徒一人ひとりの反応を解釈し価値判断するためには，あふれる情報から何に焦点を絞るかを事前に検討し，様々な場面を想定しておく必要がある。百戦錬磨のベテラン教師であっても，指導経験のない教育実習生であっても，本時の目標に迫れるように，定めた視点や規準・基準に沿って生徒を価値付けし，生徒への指導として返していくことが必要である（**事例3**）。

さらに生徒の問いを重視した指導においては，手立てにおける対処の“示し方”が重要である。言葉通り「これを使えばいいよ」と提示するのではなく，見通しや振り返りを生徒に促せるように「何が使えそうかな」「前には何を使ったかな」などという問いかけを行い，生徒自身に気付かせる指導を心がけたいものである。

事例1 授業における評価と手立て
～中1「一次方程式」の授業～

本授業は，中1「一次方程式の利用」の小単元の1時間目である。目標は「具体的な事象の中の数量の関係を捉え，一元一次方程式をつくることができること」に重点を置いた。単元の学習は進んできているが，文章題の解決に方程式を用いず，算術的な方法を選ぶ生徒も考えられる。そこで本授業では，算術的なものを含め，自分なりの方法を考えさせ，多様に出た解き方の意味を理解するとともに，相互の関連について解釈し，理解を深めることに重点を置いた。このような過程を通して，少しずつ代数的な方法のよさを感得させようと意図した。

学習指導案の「展開」を資料として後掲するが，その事前検討においては，できるだけ多様な反応を予想し，これらをどう評価してどう手立てを講じるか，またどのように取り上げて関連付けるか，考えを巡らせた。その結果，学級1の授業は，比較的指導案通りに流れた（図3-1）。しかし，多様な考えの相互の関連付けについては，それほど強調できなかった。

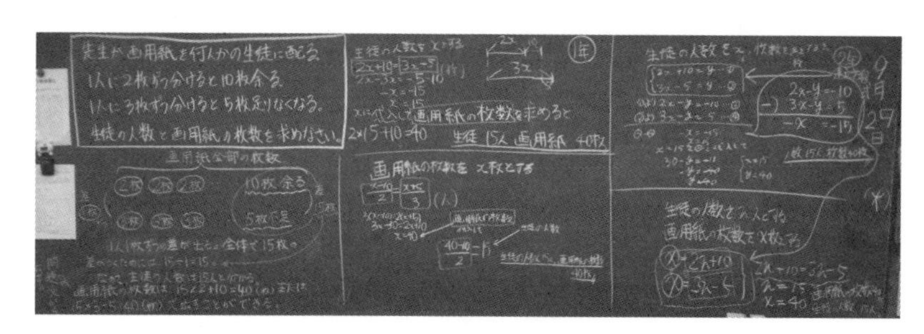

図3-1　学級1の板書

一方，学級2の授業では，文字を2種類使って表すが解き方がわからない生徒が多かった。そこで，算術的な方法のS1（図3-2左）らに説明をさせた後，文字を2つ用いて立式したS2にわかるところまで説明させ（図3-2中央），その解き方を全員で考えさせた。しばらくしてS3が挙手。前に出させると，「差が15」というS2の記述を手掛かりに考えたことを，自ら書いた式とS1の線分図とを関連付けて説明した（図3-2右　筆算は授業者）。聞き手の生徒たちは納得の声をあげていた。 〔たたき台を生かす→p.13〕〔複数の考えを関連付ける→p.33〕

図3-2　学級2の授業でS1，S2，S3が発表する様子

事例1の資料：学習指導案の「展開」の部分

9．展開

<table>
<tr><th>学習活動</th><th>予想される生徒の主な反応</th><th>評価と手だて／指導上の留意点（※）</th></tr>
<tr><td>1．問題を理解する。</td><td></td><td>※実際の場面を生徒が想像できるように工夫する。</td></tr>
<tr><td colspan="3">先生が画用紙を何人かの生徒に分けます。はじめに，1 人に 2 枚ずつ分けると 10 枚余りました。そこで今度は，1 人に 3 枚ずつ分けたのですが，5 枚足りなくなりました。これらのことから，生徒の人数と画用紙の枚数をいろいろな方法で求めなさい。</td></tr>
<tr><td>2．周りの友達と意見を出し合いながら，自分なりに解決する。</td><td>$\mathrm{S}_{2\text{-}1}$：条件を満たす生徒の数と画用紙の枚数を試行錯誤しながら求めようとする。
生徒の人数が 15 人のとき，画用紙の枚数は
$15\times2+10=40$　　40 枚
$15\times3-5=40$　　40 枚
よって，生徒の人数が 15 人で，画用紙の枚数が 40 枚のとき，問題の条件に合う。
答　生徒…15 人，画用紙…40 枚

$\mathrm{S}_{2\text{-}2}$：図を描いて，文字を使わずに解決しようとする。
2 枚ずつ配ると…
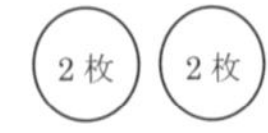

2 枚　2 枚　…　2 枚　2 枚　余り 10 枚
次に,余った 10 枚を 1 人ずつに追加していくと…
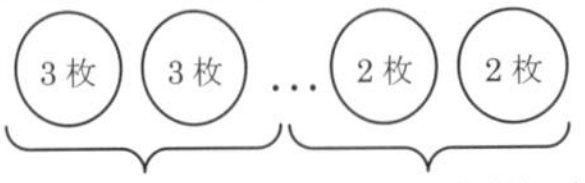

10 人分（10 枚）追加した　5 人分（5 枚）追加できない
よって生徒の人数は　$10+5=15$（人）
また画用紙の枚数は $15\times2+10=40$（枚）
答　生徒…15 人，画用紙…40 枚

$\mathrm{S}_{2\text{-}3}$：生徒の人数を x 人とおいて，画用紙の枚数を式で表し，方程式を立てて解決しようとする。
生徒の人数を x 人とおくと，
$3x-5=2x+10$
$3x-2x=10+5$
$x=15$
よって生徒の人数は 15 人。
また画用紙の枚数は，$2\times15+10=40$（枚）
答　生徒…15 人，画用紙…40 枚</td><td>$\mathrm{S}_{2\text{-}1}$：画用紙の配り方や過不足の様子など，問題の意味をよく理解していることを褒め，他の解決方法を考えさせる。

$\mathrm{E}_{2\text{-}2}$：自力で解決できたことを褒め，自分の考え方がよくわかるようにワークシートにまとめるように伝える。まとめ終わった生徒には，他の解決方法を考えさせる。

$\mathrm{E}_{2\text{-}3}$：学習したことをうまく利用したことを褒めた後，導いた答えが問題に適しているかどうかを確かめるように伝える。また，他の解決方法を考えさせる。

※式が何を表しているのかを確認する。</td></tr>
</table>

学習活動	予想される生徒の主な反応	評価と手だて／指導上の留意点（※）
	$S_{2\text{-}4}$：画用紙の枚数を x 枚とおいて，生徒の人数を表し，方程式を立てて解決しようとする。 画用紙の枚数を x 枚とおくと， $\frac{x-10}{2}=\frac{x+5}{3}$ $\frac{x-10}{2}\times 6=\frac{x+5}{3}\times 6$ $(x-10)\times 3=(x+5)\times 2$ $3x-30=2x+10$ $3x-2x=+10+30$ $x=40$ よって画用紙の枚数は 40 枚。 また生徒の人数は $\frac{40-10}{2}=15$（人） 答　生徒…15 人，画用紙…40 枚	$E_{2\text{-}4}$：学習したことをうまく利用したことを褒めた後，導いた答えが問題に適しているかどうかを確かめるように伝える。また，他の解決方法を考えさせる。 ※式が何を表しているのかを確認する。
	$S_{2\text{-}5}$：生徒の人数を x 人，画用紙の枚数を y 枚とおいて方程式を立てて解決しようとする。 生徒の人数を x 人，画用紙の枚数を y 枚とおくと $y=2x+10$,　$y=5x-5$ （しかし，どのように解を求めたらよいのかわからない）	$E_{2\text{-}5}$：2 つの式の y は同じ意味なので，右辺同士が等しいことを理解させる。また，その相等関係を式で表すことができるかと問う。
	$S_{2\text{-}6}$：方程式を立てて考えようとしているが，何を x としているのかが明記されていない。	$E_{2\text{-}6}$：学習したことを利用して解決しようとしていることを褒め，何を x としているのかと問う。x が何を意味するのかをワークシートに明記させ，その意義を理解させる。
	$S_{2\text{-}7}$：方程式を立てて考えようとしているが，正しく立式ができていない。	$E_{2\text{-}7}$：学習したことを利用して解決しようとしていることを褒め，図に表すなどして，立式を支援する。
	$S_{2\text{-}8}$：正しく方程式を立てているが，計算方法を間違えている。	$E_{2\text{-}8}$：学習したことを利用して解決しようとしていることを褒め，解をもとの式に代入させるなどして，計算方法の間違いに気付かせる。

事例2 単元や小単元における評価と手立て ～中1「一次方程式」の授業～

本小単元は，中1の「一次方程式の利用」で，6時間で扱った。本章の事例1の「過不足の問題」の授業を本小単元の導入とし，最後は前章の**事例3**でも取り上げた「5円玉と月」の授業を実施した。本小単元の目標は「具体的な問題の解決に一元一次方程式を活用して考えることができること」である。ここでは，「5円玉と月」の授業についての「プロセス重視の学習指導案」(p. 101 ～ 104) を例に，「指導に生かすための評価」(○印) と「記録するための評価」(◎印) の位置付け方，及び軌道修正について述べる。

評価と手立てについて，1時間の授業では指導の“瞬発力”が必要であるが，単元や小単元では指導の“持久力”に加えて“計画性”と“修正力”が必要であり，なかなか難しい。前掲資料の指導案における小単元の過程を概括したのが表3-1である。第6時で作成するレポートを自力で記述できるように，指導と評価の力点を少しずつ変えたり広げたりして計画した。

表3-1　小単元の指導と評価の概要

時	教材	指導と評価のポイント
1	過不足の問題	文字の置き方と立式，多様な解き方の関連性の指導に力を入れる。小単元の最初ゆえ，机間指導で生徒の関心の度合いを見て声掛けする (○)。
2	速さの問題	第1時からの文章題2つの解決を振り返り，解決の手順を整理する。解の吟味に焦点を当てて指導し，最後に小テスト①を行う (◎)。
3 4	代金の問題 割合の問題	第2時の手順による過程の記述に力を入れ，相互評価を取り入れて指導する (○)。小学校との関連から比例式を指導し，小テスト②を行う (◎)。
5 6	近似する問題 いろいろな問題	近似による立式と解決を指導する (○)。これを基に上記の手順で類似のレポートに取り組ませる (◎)。練習問題や小テスト③で自己評価させる (○)。

方程式を活用して問題を解決するには，「①求めたい数量に着目し文字で表す，②問題の中の数量やその関係から二通りに表される数量を見いだして文字を用いた式や数で表す，③それらを等号で結び方程式をつくって解く，④求めた解を問題に即して解釈し問題の答えを求める」という一連の活動が必要である。小単元を実施してみると，上記④はよく記述できるが，上記①を記述できない生徒が想定よりも多かった。そこで，第3時での生徒どうしの相互評価では，第2時で整理した手順のうち，文字の置き方の記述に力を入れて評価しコメントさせた。それにより一層意識が高まり，レポートの記述や定期テストの記述式問題にも生かされていた。

事例2 の資料：プロセス重視の学習指導案

プロセス重視の学習指導案

数学科　学習指導案

横浜国立大学教育人間科学部附属横浜中学校　　藤原　大樹

1　対象・日時　　中学校１年　９月14日(金)５校時(１C)，17日(月)２校時(１A)

2　本小単元で身に付けさせたい力

・具体的な問題の解決に一元一次方程式を活用して考える力

3　本小単元の評価規準　(※平成22年11月『評価規準の作成のための参考資料』に基づいて作成)

数学への関心・意欲・態度	数学的な見方や考え方	数学的な技能	数量や図形などについての知識・理解
①一元一次方程式を活用することに関心をもち，問題の解決に生かそうとしている。	②具体的な事象の中の数量の関係をとらえ，一元一次方程式をつくることができる。 ③求めた解や解決の方法が適切であるかどうかを振り返って考えることができる。	④問題の中の数量やその関係を文字を用いた式で表し，それを基にしてつくった一元一次方程式を解くことができる。 ⑤簡単な比例式を解くことができる。	⑥一元一次方程式を活用して問題を解決する手順を理解している。

4　小単元・教材について

(1) 小単元・教材名　　・一元一次方程式の活用・５円玉から満月は見えるか

(2) 思考力・判断力・表現力等を育成する指導

①小単元「一元一次方程式の活用」について

一元一次方程式の必要性と意味，及び解き方を学習した上で，具体的な問題の解決にこれを生かしていく小単元である。ここでは，算術的な解き方を認めつつも，方程式を用いた解き方のよさ（方程式さえつくれば形式的に解いて手際よく問題を解決できる）を徐々に生徒が実感できるようにしたい。

一元一次方程式を活用して問題を解く手順は，特に比の値を用いることを想定すると，以下の通りである。

(ⅰ) 求めたい数量に着目して，これらを文字で表す。
(ⅱ) 問題の中の数量やその関係から，二通りに表される数量を見いだし，文字式や数で表す。関係を表すのに比を用いるので，関係式は比例式 $a:b=c:d$ となる。小学校第６学年の比の学習を基に，比の値を用いて比例式を $\frac{a}{b}=\frac{c}{d}$ のように変形する。これを一元一次方程式とみなす。
(ⅲ) 等式の性質を基に，一元一次方程式を解く。
(ⅳ) 求めた解を問題に即して解釈し，問題の答えを求める。

特に，(ⅱ)と(ⅳ)での議論を大切にし，目的に応じて立式したり結果の検討をしたりする態度を育てたい。

②教材「５円玉から満月は見えるか」について

本時では，５円玉を手に持って腕を伸ばすと，その穴から満月が見えるかどうか(島田，1990)，を一元一次方程式を用いて調べる。これを「日常生活に数学を利用する活動」として位置付ける。

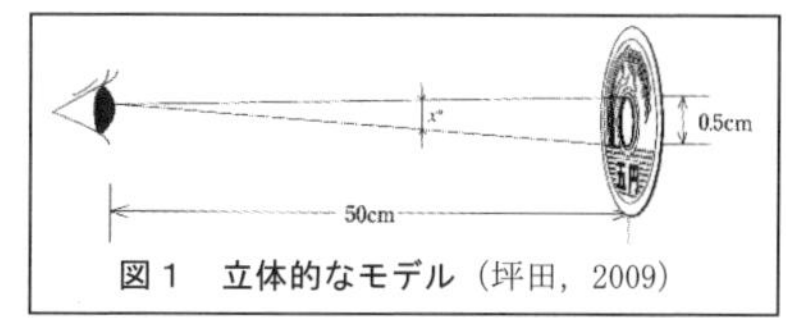

図１　立体的なモデル（坪田，2009）

地球からの月までの距離や月の直径等を用いて求めた月の視角(物体の両端から目までの二直線がつくる角の大きさ)は約 0.5°である。これよりも，目から５円玉の穴を覗く視角が大きいかどうかを考えさせる。そのためには，目の位置を扇形の中心，目から５円玉までの距離を扇形の半径(50cm とする)，５円玉の穴の直径(線分)を扇形の弧(曲線)としてモデル化し，その数量関係を比例式に表し，一元一次方程式に変形して解くことが必要である。

指導においては，モデル化する際，その是非を十分に議論させて納得させるとともに，必要な条件や仮定をワークシートに明記させ，理想化・単純化の考え方を培うようにする。また，比例式をつくる際，扇形の弧の長さがその中心角に比例することについて，小学校での学習を基にした生徒の説明を中心にていねいに扱う。

5　能力育成のプロセス（6時間扱い，本時 [ ] は5時間目）

次	時	評価規準 ※（）内はAの状況を実現していると判断する際のキーワードや具体的な姿の例 （①から⑥は，3の評価規準の番号）	【　】内は評価方法 及び Cの生徒への手だて
2	1	①「過不足の問題」の解決方法に関心をもち，解決方法を見いだしたり読み取ったりしようとしている（○）。 （A：文字の置き方の違い等による複数の解決方法，多様な解決方法同士の関連付け，独自の気付きや考えについての記述） ②具体的な事象の中の数量の関係をとらえ，一元一次方程式をつくることができる（○）。 （A：文字の置き方等の違いによる複数の解決方法，多様な解決方法同士の関連付け）	【観察，ワークシート】 C：問題の意味がわからず前に進めない生徒には，生徒の人数をx人と置き，画用紙の枚数を表すようにさせる。立てた方程式の解き方がわからず前へ進めない生徒には，前時までのワークシートや教科書を参考にしながら個別に指導する。 【観察，発言】 C：生徒の人数をx人と置き，画用紙の枚数がどう表せるかを考えさせる。場合によっては，$2x+3$を授業者が示し，$3x-5$を生徒に見いださせる。
	2	②具体的な事象の中の数量の関係をとらえ，一元一次方程式をつくることができる（○）。 （A：文字の置き方の違い等による複数の解決方法） ③求めた解や解決の方法が適切であるかどうか振り返って考えることができる（○，◎）。 （A：適切であるかどうかを説明） ⑥一元一次方程式を活用して問題を解決する手順を理解している（○）。（A：手順の説明）	【観察，発言】 C：速さ，時間，距離を表にまとめさせ，立式に必要な演算を確認しながら方程式をつくらせる。 【ワークシート】【小テスト】 C：得られた解の意味を問うたり，解の正誤を確認させたりして，振り返って考えるようにさせる。 【ワークシート，発言】 C：過程を1つずつ振り返り，手順を理解させる。
	3 | 4	②具体的な事象の中の数量の関係をとらえ，一元一次方程式をつくることができる（◎）。 （A：多様な方法，一連の解決過程の説明） ⑤簡単な比例式を解くことができる（◎）。 （A：複雑な比例式）	【小テスト】 C：方程式をつくる手順を個別指導して理解させた上で，授業後に類似の問題に取り組ませる。 【小テスト】 C：小学校での比の学習を基に個別に理解させる。
	5	①一元一次方程式を活用することに関心をもち，問題の解決に生かそうとしている（◎）。 （A：独自の気付きや考えについての記述，方程式を用いた解決方法に対する見通し） ②具体的な問題を一元一次方程式を用いて解決できるように，場面を理想化・単純化して数量関係をモデル化することができる（○）。 （A：理想化・単純化してもよい理由の説明）	【ワークシート，観察，発言】 C：方程式を活用しないで解決しようとしている生徒には，その方法を認めつつ，方程式を用いた方法にも取り組むように勧め，後で2つを比較させる。問題場面やこれをモデル化した図形の意味が理解できていない生徒には，個別に説明して理解させ，比例式をどのようにつくればよいかを考えさせる。 【発言，観察】 C：実際の長さでモデル化した図形を板書するなどして，理想化・単純化しても問題の解決にそれほど大きな支障がないことを実感させる。
	6	④具体的な問題からつくった一元一次方程式を解くことができる（○）。（A：手際のよさ）	【小テスト】 C：等式の性質を基に解けるように適宜助言する。

○は主に「指導に生かすための評価」，◎は主に「記録するための評価」

主たる学習活動 ※主に思考力・判断力・表現力等の 育成に関わる言語活動に下線	指導上の留意点・ポイント	時
・「過不足の問題」の解決方法について，算術的なものや方程式を用いたものなど，多様に考える。 先生が画用紙を何人かの生徒に分けます。はじめに，１人に２枚ずつ分けると10枚余りました。そこで今度は，１人に３枚ずつ分けたのですが，５枚足りなくなりました。これらのことから，生徒の人数と画用紙の枚数をいろいろな方法で求めなさい。 ・板書された多様な方法の意味，及びそれぞれの解決方法の関連性を読み取る。 ・算術的な方法と方程式を用いた方法とで，それぞれ長所と短所をあげ，後者のよさを感得する。	・方程式を用いない算術的な方法，連立方程式を含め，多様な解決方法を考えさせる。 ・算術的な方法と方程式を用いた方法における，途中式や考え方の関連性に着目させる。 ・立式，及び解の吟味の重要性を強調する。	1
・「速さの問題」を方程式を用いて解決する。 妹は家から駅に向かって歩いています。妹の忘れ物に気付いた兄は，妹が家を出発してから９分後に，自転車で妹を追いかけました。妹の速さを分速60m，兄の速さを分速240mとするとき，兄は出発してから何分後に妹に追いつきますか。 ・立式の工夫を共有し，表や線分図のよさを理解する。 ・問題に条件「家から駅までの道のりは600m」を加えて，答えの妥当性を吟味する。 ・類似の問題「遊園地料金」に取り組む。（小テスト） ・一元一次方程式を用いて具体的な問題を解決する手順を振り返り，まとめる。	・第１時を踏まえ，第２時では方程式を用いて問題を解決することを前提として考えさせる。 ・一旦問題を解決した後，「もし…だったら」という仮想で条件を加えて考えさせる。 ・文字の置き方が異なる解決方法を取り上げる。 ・手順を知識として確実に身に付けさせる。	2
・具体的な２つの問題を解決し，その過程を記述する。 ・隣同士で解答を交換して読み合い，記述の誤りや不足を指摘し合う。指摘を基にして改善する。 ・小学校の比の学習を振り返り，比の値，及び比例式の意味を理解する。 ・比例式を解く計算問題，及び比例式を用いて解決する具体的な文章題に取り組む。（小テスト）	・「代金の問題」と「割合の問題」を扱う。 ・第２時でまとめた手順と照らし合わせて，記述の誤りや不足を指摘させる。 ・公式「内項と外項の積」にも触れ，生徒にとって無理のない範囲で，比の値を用いた証明を扱う。 ・扇形の円周角と円周についての問題を扱う。	3 ｜ 4
・現実の問題を理解し，結果と方法の見通しを立てる。 ５円玉の穴から満月は見えるでしょうか。なお，月までの距離や月の直径から求めると，満月の視角は約0.5°です。 ・問題場面を図に表す。 ・問題場面をどのような図形で表せば方程式を用いて解決できるのかを考え，他者に説明し伝え合う。 ・議論を基に，次の数学の問題を設定する。 図２　平面的なモデル 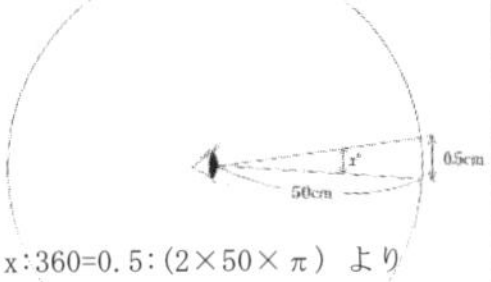 0.5cm　x°　50cm x:360=0.5:(2×50×π) より $\frac{x}{360}=\frac{0.5}{2\times 50\pi}$ よってx=0.57… 半径50cm，弧の長さが0.5cmの扇形の中心角を求めなさい。 ・扇形の弧の長さがその中心角に比例することから，比例式及び比の値を用いて方程式を立てる。 ・方程式を解いて解を得て，現実の問題の答えを得る。 ・本時の学習過程をワークシートにまとめる。	・条件が不足した問題を提示する。 ・多様なモデル化が考えられるが，方程式が立てられるように，月の直径や地球から月までの距離等は与えず，月の視角に着目させる。 ・個人の後，グループと全体で議論させる。 ・特に，二等辺三角形(高さ50m，底辺0.5cm)を，扇形(半径50cm，弧0.5cm(あるいは面積12.5cm²))と近似してもよいかどうかというモデル化の是非を，頂角（中心角）に着目して議論させ，扇形で表すことを正当化できるようにする。 ・小学校や前時での学習を基に生徒に説明させ，比例式(a:b＝c:d)の用い方を理解させる。 ・現実の問題を図形化して数学の舞台にのせる過程を振り返り，メタ認知させる。 ・考えた過程がよくわかるようにまとめさせる。 ・実際に月が見えるかを家庭で検証させる。	5
・前時の問題を「50円玉」に変えた問題に取り組む ・方程式の文章題に取り組む。（小テスト）	・考えた過程をレポート形式にまとめる際，置いた条件・仮定とその理由を必ず記述させる。	6

6　思考力・判断力・表現力等の育成と言語活動

【思考力・判断力・表現力等が育成されている姿】（カッコ内は本時）

・具体的な問題の解決に一元一次方程式を活用して考えることができる。

（・目の位置を扇形の中心，目から５円玉までの距離を扇形の半径(50cmとする)，５円玉の穴の直径(直線)を扇形の弧(曲線)としてモデル化し，その数量関係を比例式に表すことができる。

・比例式を変形してつくった一元一次方程式を解いて，目から５円玉の穴を覗く視角を求め，地球からの月を見る視角(約0.5°)よりも大きいかどうかを判断することができる。）

【言語活動の具体】

・どのように考えれば問題の数量関係を一元一次方程式で表せるのか（方法），及び一元一次方程式を解いて得られた答えはなぜ問題の答えとして妥当なのか（理由）を他者に説明し伝え合う。

・一元一次方程式を活用して考えたことの説明をワークシートにまとめる。

【言語活動の質を高めるために】

(１)言語活動に取り組む前に，何について説明するのか，その対象を明確に示しておく。

授業の中で，説明したい，聞きたいと思うような，必要性を感じられることについて説明させる。その際，①見いだした事柄や事実，②事柄を調べる方法や手順，③事柄が成り立つ理由など，説明する対象を生徒に明確に示してから取り組ませるようにする。このことを通して，いわゆる“的外れな活動”がなくなり，なおかつ生徒一人一人の思考の質が高まると期待できる。これは同時に，一人一人の思考の質を生徒が読み取りやすくなる（評価しやすくなる）ということである。

例えば本時では，問題の位置関係を二等辺三角形で表しても方程式がつくれないことに気付かせた後，別の図形で表せないかを個人で考えさせる。その後４人グループになり，個人の考えや疑問を素直に表出させ，生徒が議論に能動的に関わる契機をつくる。次に学級全体で，一元一次方程式で表す方法，及び扇形で表してもよい理由を考え，説明し伝え合う。学習形態や議論の焦点が変わっていくが，何を説明すればよいのかをその都度確認しながら議論を進めていくようにする。

(２)結論や立場を明確にし，相手意識をもって説明するように伝える。

最初に結論や立場を述べさせた上で，聞き手の表情を読み取ったり途中で区切って確認を取ったりしながら話すことは国語科の授業で学習している。数学の授業においてもこのような点に留意して説明することで，話し手の考えが聞き手に理解されやすくなるとともに，その後の議論が促されると考えられる。また同時に，話し手だけでなく聞き手についても，必要に応じてうなずいたり（あるいは首を傾げたり），説明後に質問，意見したりするなど，説明に対して反応するように促すようにする。それにより，考えたことを数学的に表現したり表現されたものを解釈したりする場面が効果的に生まれ，これを通して個人や集団の数学的な考え方がいっそう深まると期待できる。

7　思考力・判断力・表現力等を育成する評価

本小単元では，身に付けさせたい「具体的な問題の解決に一元一次方程式を活用して考える力」の実現状況を，観点「数学的な見方や考え方」の評価規準「具体的な事象の中の数量の関係をとらえ，一元一次方程式をつくることができる」及び「求めた解や解決の方法が適切であるかどうかを振り返って考えることができる」に即して行う。指導に生かすための評価としては，方程式をつくれていない生徒，文字の置き方や解の吟味を明記していない生徒などを机間指導等で見いだし，個別に指導したりその後の全体指導で取り上げたりする(○)。記録するための評価としては，主に小テストで行い，定期テストで改善が認められる場合は，適宜補正する(◎)。

本時では，観点「数学的な見方や考え方」の評価規準「具体的な問題を一元一次方程式を用いて解決できるように，場面を理想化・単純化して数量関係をモデル化することができる」に即して，机間指導等で評価し，生徒同士で議論させたり授業者から助言を与えたりするなど，手立てを講じる(○)。このことを基にして，記録するための評価を定期テストの結果から行う(◎)。その前提として，解決のために置いた条件や仮定やそれらを置く理由を明記するように次時で指導する。これにより，生徒の思考過程を本人が振り返ったり教師が評価したりしやすくなる。なお，問題の解決のために場面を似た別のものに近似する経験は，生徒にとって中学校入学から初めてのことであり，抵抗感が予想される。日常生活や社会に数学を利用する活動は，数学のよさや学ぶ意義を実感させる上でも重要である。この活動で有効に働く理想化・単純化の考え方を，本時を契機として徐々に培いたい。

〔参考文献〕

島田茂(1990).『教師のための問題集』，共立出版，p. 54.

坪田耕三(2009).『改訂版　算数を好きにする教科書プラス　坪田算数６年生』，東洋館出版社，pp. 82-84.

事例3 誤りを含む考えの評価とその改善による創造 ～中3「二次方程式」の授業～

本授業は，中3の「二次方程式の解き方」(平方完成) である。目標は「平方の形に変形して二次方程式を解く方法を，面積図と関連付けて考えることができる」である。平方根の考えを用いた解き方，因数分解を用いた解き方を学習したことを振り返り，因数分解ができないときにはどのように解けばよいかを，面積図を手がかりとして考える授業として設定した。

授業の冒頭で例示した方程式$x^2+6x+8=0$，$x^2+6x=0$を少し変えて，方程式$x^2+6x-1=0$を提示した。左辺が因数分解できないので，平方根の考えを頼りにするしかない。「平方根の考えを使うために，長方形の面積図 (x^2+6x) を正方形に変形できないか」「図を分けて並び替えてもいいし，何か足してもいいし，引いてもいいよ」と投げかけた。

しかし机間を回っても，誤りのある考えしか見当たらない。そこで，両辺に$6x$と36をたして正方形をつくっていたS4に面積図を黒板にかいてもらい，説明させた(図3-3の中央)。右辺にxが残るため解けないが，長方形の一部分に着目して同じものを並べて付けたアイデアを大いに褒め，「この考えを生かして正しい図を考えよう」と全体に投げかけた。　〔たたき台を生かす→ p.13〕

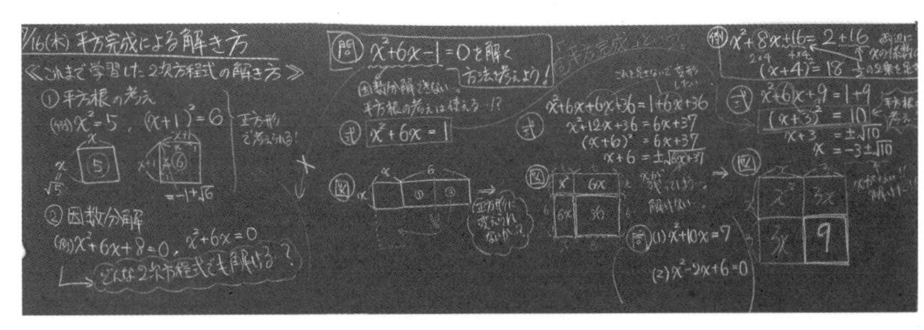

図 3-3　学級1の板書

すると，次々と正しい図をかく生徒が出てきた。その図をもとに生徒に説明させ，用語「平方完成」を紹介するとともに，授業の最後に本時の題(図3-3の左上) を板書して印象付けた。

また学級2では，$6x$を3等分して並べ替える考えを取り上げたところ，$6x$を2等分して9をたす図が増えていった(図3-4)。

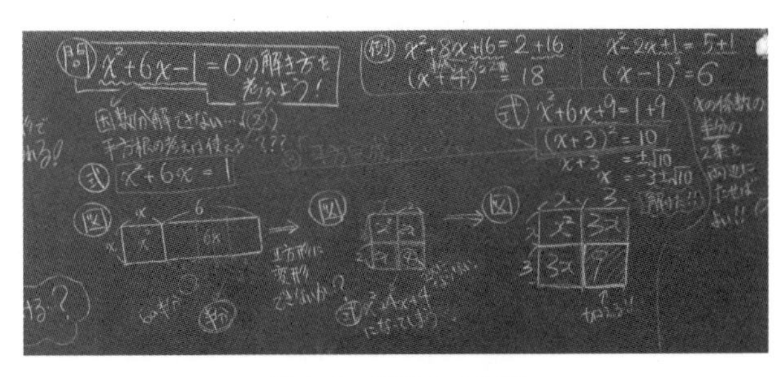

図 3-4　学級2の板書

■ 第3章の引用・参考文献

西岡加名恵・石井英真・田中耕治(2015).『新しい教育評価入門』，有斐閣コンパクト.

澤田利夫・橋本吉彦(1990).『数学科での評価』，共立出版.

横浜国立大学教育人間科学部附属横浜中学校(2012).『思考力・判断力・表現力等を育成する指導と評価Ⅱ　言語活動の質を高める授業事例集』，学事出版，pp.8-9, pp.38-39.

活動の履歴は残っているか

生徒は，学習の結果や過程の見通しを立てたり振り返ったりすることで，必要に応じて現在や過去の自分，あるいは他者と相互作用し，自己調整をしながら，数学の学習を進めていくものである。その自律的なサイクルを図示したものが図4-1である。第2章で挙げた図2-1，図2-2，図2-3，図2-4とも通じる点があろう。すべての生徒がその子なりにこのようなサイクルを回すためには，その過程を可視化してメタ認知することが大切であろう。

その意味で，板書は重要である。板書は全ての生徒が共有すべき学びの履歴であり，授業の結果のみならず，過程を可視化する視覚情報である。一般に，小学校の教員よりも中学校の教員の方が板書が疎かであるといわれるが，子どもは小学校を卒業すれば，配慮のない板書でも自動的に授業が理解できるようになるわけではない。授業のユニバーサルデザイン化の観点からも，板書は重要である。

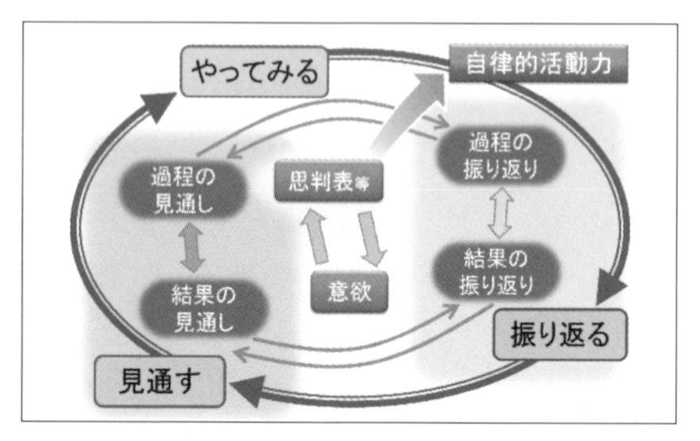

図4-1　学習活動のサイクルと「見通す・振り返る」学習活動
（横浜国立大学教育人間科学部附属横浜中学校，2015）

生徒は，授業の途中で活動の目的や留意点がわからなくなったり，解決方法に行き詰まってしまったりすることが多少なりともあり得る。むしろそのような場面を意図的に仕組むことも必要かもしれない。そのようなとき授業者は，例えば生徒の視線を板書へ向けさせることで，その後の見通しにつなげさせたい。そのために板書には，解いた問題と正答，習った公式や定理などの事実（結果）のみならず，授業中の生徒の問いとその変容，考え，表現，鍵となるつぶやきなど，過程を目標達成のために取捨選択して意図的に残しておくべきであると考える。

また生徒は，板書から学習の過程を振り返るだけでは，解決方法の見通しが立たないこともあろう。このようなとき，さらに過去に遡って学習を振り返ることが有効である。そのために，後で読んでその学習の過程が想起できるようなノートを，学びの履歴として生徒につくらせておく必要がある。また，その日の授業が何のための何についての学習であったのかを明記し（めあてとまとめ），必要に応じていつでも検索が容易にできるノートをつくっておくことが大切である。

数学の授業のみならず，私たち大人の日常生活や職業生活でも同様に，何かに行き詰まったとき，過去の似た場面を振り返るなどして，「戻りながら進む」ことが有効である。そのためのノート指導と板書づくりが必要である（事例1）。これらは，自律的に取り組むことが期待される数学的活動にどの生徒も安心して取り組むためにも重要であると考える（事例2）。

事例1 ノートづくりと板書 ～中3「式の計算」の授業～

本授業は，中3「式の計算」の単元の第1時である。一年間の授業のスタート時期であり，指導計画や評価計画，持ち物，授業の受け方などについてのオリエンテーションは前時に終えている。目標は「図形の性質が成り立つことを見いだし説明する活動を通して「式の計算」の単元の目標を理解すること」である。新年度となり，新しい教科担当教員である筆者と生徒との出会いの場面である。中学校最後の一年間の数学授業における学び方について，中1，中2の学習内容の範囲での活動を通してオリエンテーションする意図で行った。

この授業から本格的に内容の学習活動に入っていくので，冒頭にノートづくりのポイントを，ノートの最初のページに写させた（図4-2)。

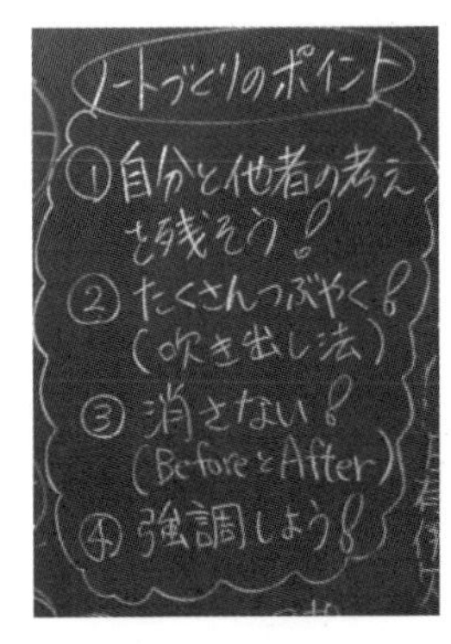

図4-2　板書

「①自分と他者の考えを残そう！」については，自分の考えをノートに残すのは当然として，他者の考えや表現をノートに書き残すことで自分では思いつかなかったアイデアが身に付くようになり，自身の成長に直結するということを説明した。普段から「他の考えはないかな」「もっとよい考えはないかな」「自分の考えと他者の考えはどこがどう関連しているかな」などと自分自身に問いかけて考える習慣を付ける重要性についても説いた。

〔複数の考えを関連付ける→p.33〕

「②たくさんつぶやく！」については，メタ認知を促すとされる「吹き出し法」や「キャラクター法」を紹介し，そのときに自分は何を考えていたか，何を感じていたかなどを書き残すように促した。それにより，後で授業のノートを見たときに問題を解決していった過程を振り返ることができ，記憶が蘇りやすくなる，ということを伝えた。

「③消さない！」については，自分の式や考えなどを書き残す際に，簡単な書き間違いは別として，「考えや表現の誤りに気付いたときこそ成長のチャンスである」ということを伝えた。誤りに気付いたときに，消さずに×印などを付けて残すことやその後に矢印を付けて新たな考えを加えることを紹介し，成長の足跡を残していくようにさせた。某リフォーム番組を例に，学習の前後の見える化が，確かに記憶に残る学習へつながることを説明した。

「④強調しよう！」については，学習を進める過程で，大切な事柄を強調することによって，何を何のために学習していて何が重要なのかといった，授業のめあてに対する「自分なりのまとめ」ができるという旨を説明した。このようなノートは，その後の必要な情報の検索を容易にする。また，「大事！」や「使えるようになろう！」などと自分で決めたマークを書き残しておくと，問題を解決した結果として得られたことを振り返りやすくなり，テスト前の復習などにも役立つということも伝えた。

その後，エビングハウスの忘却曲線のグラフの概形（図4-3）を黒板にかき，復習したときの曲線の変化について説明し，5分でも10分でもよいので，授業があった日のうちに自宅で復習することを勧めた。その際，特に①，③，④については，授業中に余裕がなくて十分に書けないこともあるので，補足加筆を自宅ですると記憶が強化されて教科の力が向上するということも助言した。また，この補足加筆はノートをその資料とした観点「関心・意欲・態度」の評価も上がることにつながる。このことを伝えることは，記録するための評価を餌に生徒を“釣る”行為として捉えられがちであるが，家庭学習を含む学習習慣を身に付ける上で必要であると考えた。ちなみに，生徒のノートをその資料とした観点「関心・意欲・態度」の評価は，学習内容にもよるが，概ね次のようにつけており，生徒に事前に説明するようにしている。

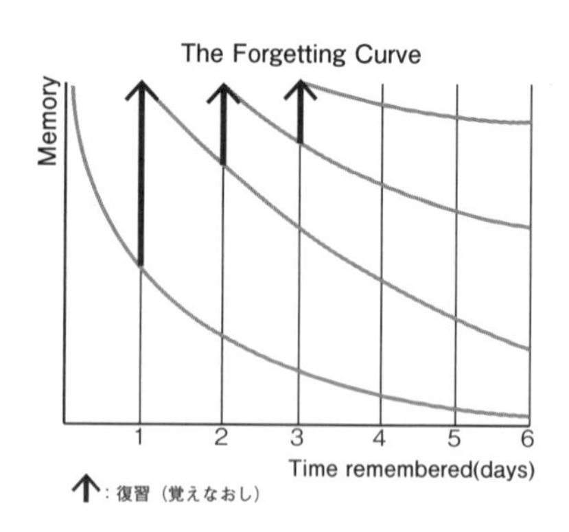

図 4-3　エビングハウスの忘却曲線と復習

- **「おおむね満足できる」（B）状況**：自分なりの考えや，その考えが思いつかなかった場合は黒板に書かれた考えをノートに記述しているなど，授業での主たる活動に関心をもって参加したり内容を理解したりしようとしている。
- **「十分満足できる」（A）状況**：自分なりの考えや黒板に書かれた考えの他に，他者の考えや新たな気付きを記述しているなど，授業での主たる活動に高い関心をもって参加したり内容をより深く理解したりしようとている。

「努力を要する」（C）状況と判断される生徒には，「黒板にあった大切な考えを書き残すようにしておこう」「大切な部分を強調して書き残すようにしよう」などと，ノートにコメントして指導する。ノートを返却した直後の授業では，机間指導中に様子を観察し，必要に応じて声をかけるようにする。

なお，単に字がきれいかどうか，色ペンなどを使っているかどうか，提出期限を守れたかどうかでは，評価の観点の趣旨に合わないため，記録するための評価に向けた視点にはしていない。ただし，後でノートを自分が読んだときにわかりやすいように，ていねいな字，定規やコンパスを使ってかくこと，及び提出期限を必ず守って提出することについて指導をしている。

さて，本授業について戻ろう。単元で身に付けて欲しい目標が何かということをつかむのがねらいであることを説明し，日にちとともに授業のめあてを板書した。

《結果の見通しをもたせる》

その後，ノートの上の方を3行程度空けて（後で問題を書かせるため），接する直径2cm，4cm

の円（青）と，それに外接する直径6cmの円（赤）を作図させた。その上で，青の円周の和と赤の円周とではどちらが長いか，と問いかけた。これは，使っている教科書の導入の問題を単純化したものである。予想を聞くと，青が1／2，同じが1／4，手を挙げない生徒が1／4くらいであった。 **〔直観的推論と反省的推論→p.18〕**

その後，どちらが長いか，あるいは長さが等しいかを説明しよう，と問いかけ，問題文を板書した。

机間を回っていると，式しか書いていない生徒もおり，言葉を加えて書くようにさせた。また，結論を書けていない生徒もいたので，声をかけた。その後，ていねいにかけているS1を指名してノートに書いた説明をそのまま自席で言わせ，授業者が板書した。説明の過程全体を見て，仮定を基にして式を用いて論理的に結論まで説明できているという点で2年生で学習した図形の証明と同じ形であることを押さえた。 **《全体で過程を振り返る》**

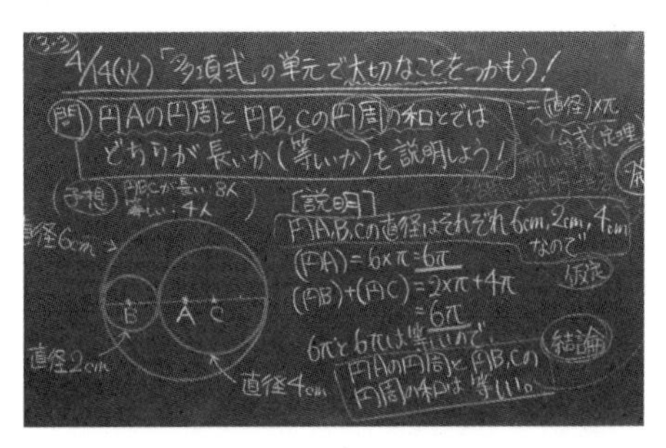

図 4-4　めあてと１つ目の説明（S1）の板書

その後，仮定の部分と結論の部分に着目し，何が明らかになったのかを確認した。

〔累積的な知識の成長を意識する→p.49〕

その上で，「この結論ってどんなときでもいえるのかな？」と敢えてオープンに問いかけた。

〔一般化を促す→p.24〕

何を聞かれているのかわからないような様子も見られたので，「さっきは2cm，4cm，6cmの円だったけど，そうでなかったとしても成り立つのかな？」と補足した。

〔累積的な知識の成長を意識する→p.49〕

生徒たちは口々に「成り立つ」「長さによる」「成り立たないときもある」などとつぶやいた。

《結果の見通しをもたせる》〔直観的推論と反省的推論→p.18〕

そこで，ここでの“どんなときでも”は2つの円が接していてこれらに外接する円があるときを指すことを，フリーハンドのイメージ図を4つかいて動的に捉えられるように説明した。再び聞くと「それなら成り立つ」と口々に言い，うなずいていた。ここで「それって説明できる？」「説明するにはどうすればいいの？」と問いかけると，「2cm，4cmの長さを文字で表す」と一人のS2が応えた。 **《過程（方法）の見通しをもたせる》**

さらに「どうしてそうしようと思ったの」と尋ねると，「文字だとどんな長さでも表せるから」と答えた。 **《よい考えの着想を共有する》**

「では説明を書いてみよう」と問いかけたとき，S3が「先生，3つのときはどうなるんですか？」と突然質問してきた。その問いをすぐには褒めずに「ん，どういうこと？」と問い返すと，「さっきのは円が2つでしたけど，3つになったらどうなるのかなーって」と答えた。

《よい考えの着想を共有する》

説明を書き始めていた生徒の顔もよく上がって，聞き耳を立てていた。それを受けて「なるほど，いい疑問だね。こういう疑問が生まれるクラスは，数学が得意になるよ」と褒めて，黒板の右下に書き残して，問いを取り置きした。他の生徒も写していた。

《新たに問うことを褒める》《新たな問いを書き残す》

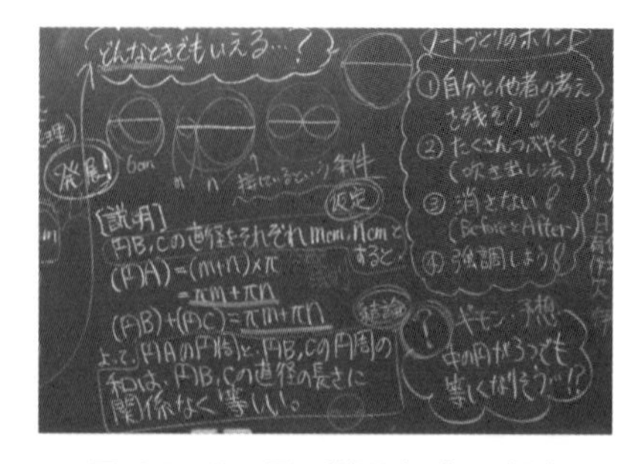

図 4-5　2 つ目の説明（S4）の板書

机間指導では，どこの長さを何で置くかを書かせること，1つ目の具体数での説明を参考にして同じ構造で説明を構成させること，結論を書かせることの3つに焦点を絞って，各自の記述などから評価して声をかけていった。

うまく書けていた生徒S4を指名して説明を言わせ，再び授業者が板書した。1つ目の説明と構造が全く同じであることを強調して短く補足した。

〔複数の考えを比較し関連付ける→p.33〕〔考えや表現の共通点を見いだす→p.61〕

授業の最後には，最初に提示しためあてに戻り，

・今日の授業では，成り立つと予想したことを文字を用いておおむね説明できていたこと

・これからの「式の計算」の単元でも，予想したことを文字を用いて説明することを学習すること

・これまでと異なるのは，新しい計算を学ぶことであること

・次の授業からは，既知の計算から発展させて，新しい計算について学んでいくこと

を説明し，板書中央の上の方にかき加えた（図4-6）。　**《結果の振り返りを全体で共有する》**

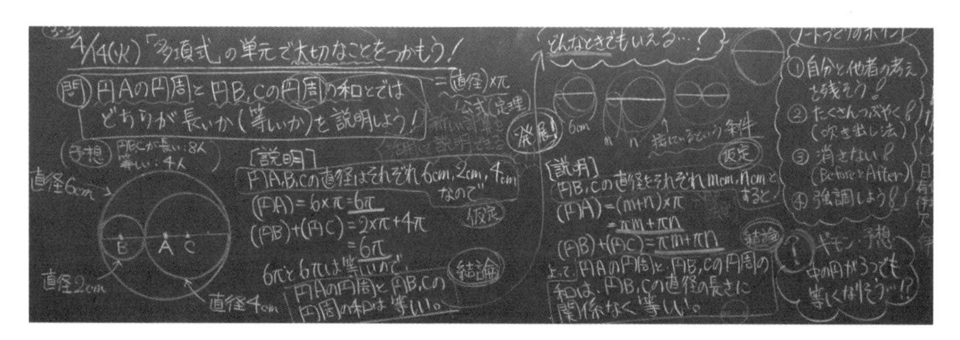

図 4-6　授業の板書全体

授業終了の号令の後，生徒たち全員にノートを提出させた。授業の冒頭で説明した「ノートづくりのポイント」を意識して，本時のノートが記述できているかを評価し，今後の授業での学習に向けてさらに改善が必要かどうかをコメントして指導しようという意図である。

例えば，S5のノートでは，吹き出しで新たな気付きを記述しているとともに，他者の考えを書き残していることを褒めるコメントを書いた（図4-8）。また，授業中に質問したS3のノート

では，他者の考えとともに，新たな問いについての図をかいており，これらを褒めるコメントを書いた（図4-9）。

次時でノートを返却し，他にどんな問いが考えられるか，と聞くと，図4-7のものが挙げられ，予想を楽しんでいる様子であった。

〔直観的推論と反省的推論→p.18〕〔一般化を促す→p.24〕

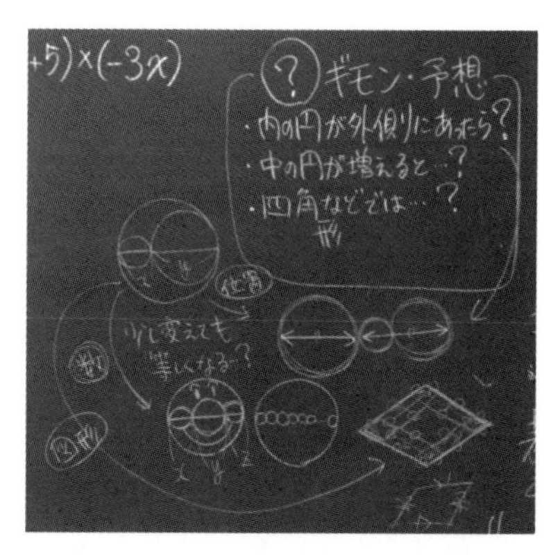

図 4-7　次時に生徒が出した新たな問い

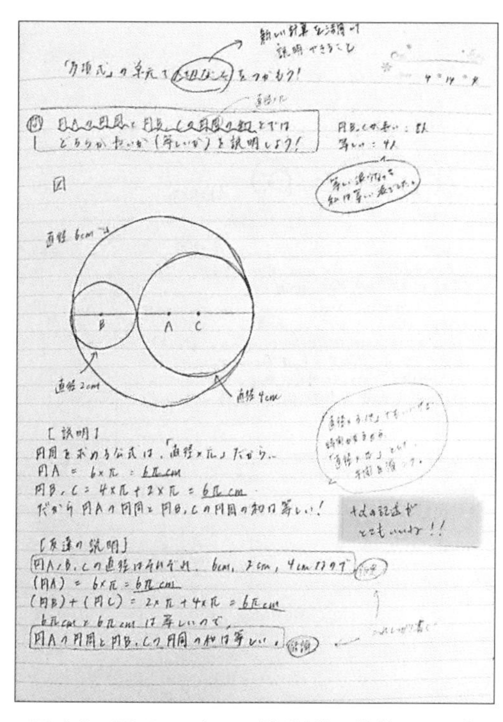

図 4-8　S5 のノートの一部（付箋は筆者コメント）

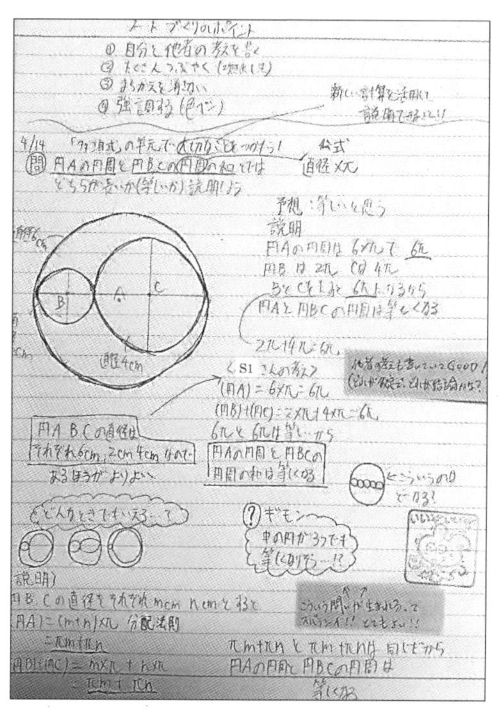

図 4-9　授業の途中で新たな疑問を発言した S3 のノート（付箋は筆者コメント）

事例2 レポート作成を通した数学的活動に生かす板書 ～中３「式の計算」の授業～

中３「式の計算」の単元末に3時間で扱った。「図形の性質などが成り立つことを，数量及び数量の関係を捉え，方針を明らかにして，文字を用いた式で説明することができること」及び「説明に用いた式の変形を振り返り，図形についての新たな性質などを読み取ることができること」が目標である。

道幅一定の道路の面積が「(センターラインの長さ) × (道幅)」で求められるという図形の性質を，式を解釈することを通して見いだし，図形などの条件を一部変えて予想した命題が正しいことを既習の展開や因数分解を用いて説明させるものである。展開方法は多様に考えられるが，筆者は線分で囲まれた図形の代表として「正方形」から導入し，曲線で囲まれた図形の代表である「円」で文字を用いた説明の仕方を指導し，これらを基に「それ以外の図形」で生徒に自由に予想させて説明をレポートにまとめさせた。このレポートを自力で記述できるようにするには，証明の構造を予め指導しておくこと（事例1を参照），面積を求めるための多様な方法を予め指導しておき，ノートに書き残させておくことなどが必要である。

図4-10は第1時の板書である。生徒に配付したプリントには「図のような道幅が一定の道路の面積をSとするとき，Sをaとxを用いて表しなさい。」と載せておいた。

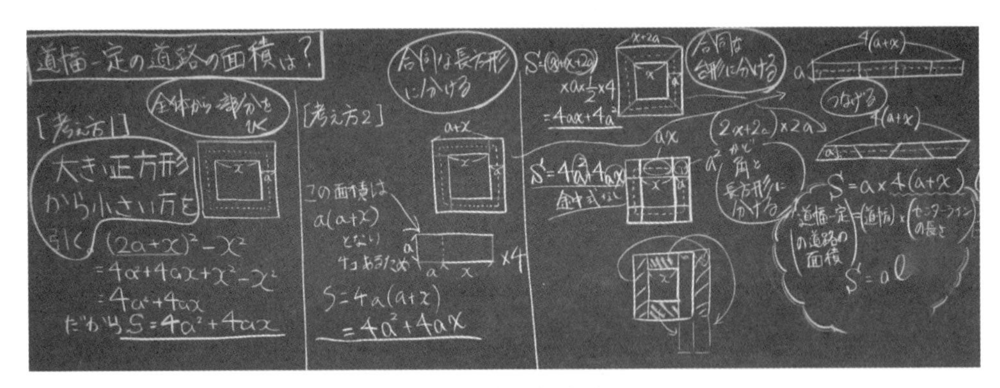

図4-10　第1時の板書

第1時では，机間指導で多く見られた「全体から部分をひく」「合同な長方形に分ける」という考えをまず生徒2名に板書して発表させた。その後「他にはあるかな」と発問して挙手を求め，「合同な台形に分ける」「角の正方形とその他の長方形に分ける」という考えが出され，私が板書した。その後，次のやりとりがあった。

T　「もう（考えは）ないかな？　他にはどう？」

S7　（挙手）

T 「はい，じゃぁあなた（S7）の考えを一言で言うと？」
S7 「つなげる，です。」（「つなげる」と板書する）
S 「あぁ～。」
S 「なるほど～。」
T 「え，伝わったの？ ではS7さんの考えを想像してプリントに書いてみてください。」

S7の考えを全員で考えさせる意図で，S7には敢えて一言で表現してもらった。

《よい考えを解釈させる》

その結果，生徒たちは，つなげて細い長方形や太い長方形，あるいは平行四辺形にする考えを発表した。その後，その図と式から，S＝alという図形の性質を見いだしていった。さらにS＝alが成り立つ範囲を拡げる意図で，次の問いかけをした。

〔発展的な思考→p.48〕〔累積的な知識の成長を意識する→p.49〕

T 「S＝alは道幅が一定な図形ならどんなときも成り立つのかな？」
S 「成り立つ。」
S 「曲線は無理。」
T 「線分だったら成り立つってこと？」
S 「はい。」
S 「いや…。」
T 「ではまず，曲線で囲まれた代表的な図形で調べてみよう。」
S 「例えば円とかは？」

生徒に結果を予想させて問いをもたせた後，「円ではどの考えが使えそうか」と問い，図4-7の板書にある考えを眺めさせ，解決方法の見通しを立てて第1時を終えた。

〔直観的推論と反省的推論→p.18〕《方法の見通しをもたせる》

第2時では，第1時でのやりとりを受けて，道幅一定の円（ドーナツ形）の道路で成り立つかを考えさせた。ここでは「全体から部分を引く」という考えで成り立つことの説明を全体で共有した。また，ある生徒が，小学校で学習した円の求積と関連付けて，細かく分けて考えることについて発表したので，単元の目標である文字を用いた説明ではないものの，よい考えであることを大いに褒めた上で，「極限」や「位相」について軽く触れて，生徒の関心を高めた。

再び「どんな図形でも成り立つの？」と発問し，数名に予想を言わせて問いを膨らませた。その後，自分で決めた図形でS＝alが成り立つかを説明するレポートを出題した。第2時の後半と第3時で作成させ，家庭で補ったものを一週間後に回収した。 **〔直観的推論と反省的推論→p.18〕**

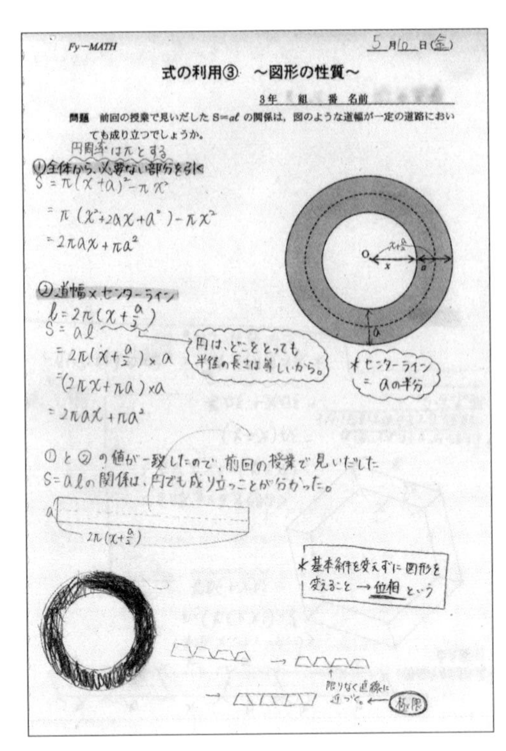
Fy-MATH　　5月10日(金)

式の利用③　〜図形の性質〜

3年　組　番　名前

問題　前回の授業で見いだした $S=al$ の関係は，図のような道幅が一定の道路においても成り立つでしょうか。

円周率はπとする。

①全体から，必要ない部分を引く

$S=\pi(x+a)^2-\pi x^2$

$=\pi(x^2+2ax+a^2)-\pi x^2$

$=2\pi ax+\pi a^2$

②道幅×センターライン

$l=2\pi(x+\frac{a}{2})$

$S=al$

$=2\pi(x+\frac{a}{2})\times a$

$=(2\pi x+\pi a)\times a$

$=2\pi ax+\pi a^2$

円は，どこをとっても半径の長さは等しいから。

*センターライン＝aの半分

①と②の値が一致したので，前回の授業で見いだした $S=al$ の関係は，円でも成り立つことが分かった。

$2\pi(x+\frac{a}{2})$

*基本条件を変えずに図形を変えること→位相という

限りなく道路に近づく。←極限

図 4-11　第２時の S8 のワークシート

第2時で図4-11のワークシートを書いたS8が，後日提出したレポートは図4-12である。S8は，基本的な多角形に対象を絞り，長方形，正六角形と図形を変えて探究している。まず，長方形については，S8は第1時の「角と長方形に分ける」という考えを生かして説明を記述した。その後，S8は正六角形に図形を変えて考えていくわけであるが，長方形で役立った「角と長方形に分ける」が正六角形では使えないことに気付いた。その後しばらく悩んだ末，第1時のワークシートを開き，どのような考えがあったかを振り返って，今度は「合同な台形に分ける」という考えを使ってS=alが成り立つことを説明して図4-12のレポートを作成した。

S9は，第1時で扱った道幅一定の正方形を批判的に捉え，正方形の角を丸くした図形に変えて成り立つかどうかを検証するレポートを作成した（図4-13）。

S10は，正方形から「ラインが交わる図形」として漢字の「田」のような図形に変えて考えるが，性質が成り立たず，しばらく悩んだ。その結果，成り立たない理由を考え，センターラインの重複が原因であることに気付いて，このことをレポートにまとめた（図4-14）。

〔nonAを明確にする→p.29〕

さらに，進んだ生徒S11は，三次元に発展させ，パップス・ギュルダンの定理（回転体の体積）に自力で迫るレポートを作成した（図4-15　重心については中1の「基本的な作図」の授業で触れてあった。）

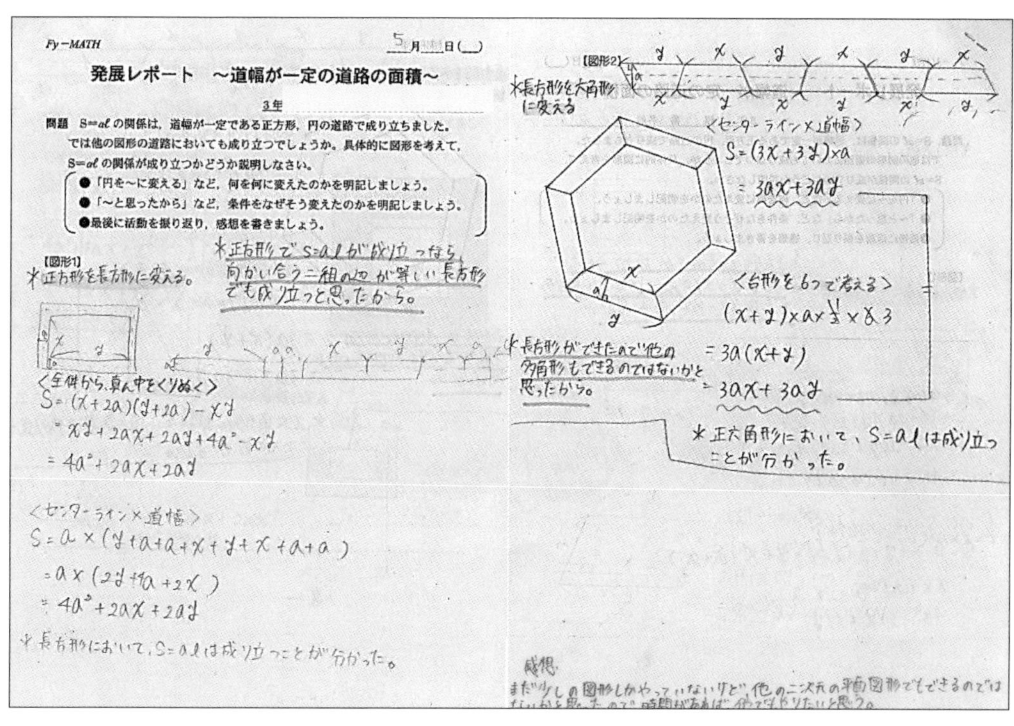
Fy－MATH　5月　日（　）

発展レポート　～道幅が一定の道路の面積～

3年

問題　$S=a\ell$ の関係は，道幅が一定である正方形，円の道路で成り立ちました。
では他の図形の道路においても成り立つでしょうか。具体的に図形を考えて，
$S=a\ell$ の関係が成り立つかどうか説明しなさい。

- 「円を～に変える」など，何を何に変えたのかを明記しましょう。
- 「～と思ったから」など，条件をなぜそう変えたのかを明記しましょう。
- 最後に活動を振り返り，感想を書きましょう。

【図形1】
＊正方形を長方形に変える。
＊正方形で S=aℓ が成り立つなら，向かい合う二組の辺が等しい長方形でも成り立つと思ったから。

＜全体から，真ん中をくりぬく＞
$S=(x+2a)(y+2a)-xy$
$=xy+2ax+2ay+4a^2-xy$
$=4a^2+2ax+2ay$

＜センターライン×道幅＞
$S=a\times(y+a+a+x+y+x+a+a)$
$=a\times(2y+4a+2x)$
$=4a^2+2ax+2ay$

＊長方形において，S=aℓ は成り立つことが分かった。

【図形2】
＊長方形を六角形に変える
＊長方形ができたので他の多角形もできるのではないかと思ったから。

＜センターライン×道幅＞
$S=(3x+3y)\times a$
$=3ax+3ay$

＜台形を6つで考える＞
$(x+y)\times a\times\frac{1}{2}\times 6$
$=3a(x+y)$
$=3ax+3ay$

＊正六角形において，S=aℓ は成り立つことが分かった。

感想
まだ少しの図形しかやっていないけど，他の二次元の平面図形でもできるのではないかと思ったので，時間があれば色々やりたいと思う。

図 4-12　図形を長方形や正六角形に変えて考えた S8 のレポート

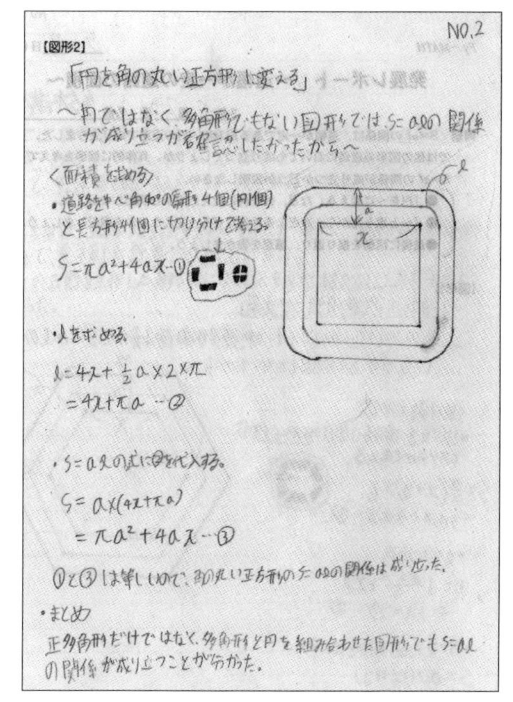
【図形2】　NO.2

「円を角の丸い正方形に変える」
～円ではなく，多角形でもない図形では S=aℓ の関係が成り立つか確認したかったから～

＜面積を求める＞
・道路を4つ角の扇形4個（円1個）と長方形4個に切り分けて考える。
$S=\pi a^2+4ax$ …①

・ℓを求める。
$\ell=4x+\frac{1}{2}a\times2\times\pi$
$=4x+\pi a$ …②

・S=aℓ の式に②を代入する。
$S=a\times(4x+\pi a)$
$=\pi a^2+4ax$ …③

①と③は等しいので，角の丸い正方形の S=aℓ の関係は成り立った。

・まとめ
正多角形だけではなく，多角形と円を組み合わせた図形でも S=aℓ の関係が成り立つことが分かった。

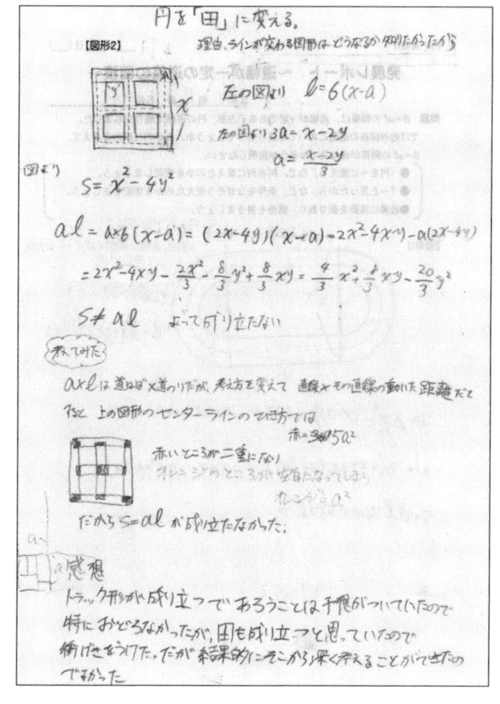
【図形2】
円を「田」に変える。
理由，ラインが交わる図形はどうなるか知りたかったから

左の図より　$\ell=6(x-a)$
左の図より　$3a=x-2y$
$a=\frac{x-2y}{3}$

図より
$S=x^2-4y^2$

$a\ell=a\times6(x-a)=(2x-4y)(x-a)=2x^2-4xy-a(2x-4y)$
$=2x^2-4xy-\frac{2x^2}{3}-\frac{8}{3}y^2+\frac{8}{3}xy=\frac{4}{3}x^2+\frac{4}{3}xy-\frac{20}{3}y^2$

$S\neq a\ell$　よって成り立たない

考えてみた
a×ℓ は道はば×道のりだが，考え方を変えて 画像その直線の動いた距離だとすると 上の図形のセンターラインのでき方では
赤いところが二重になり
オレンジのところが空白になってしまう。
だから S=aℓ が成り立たなかった。

感想
トラック形が成り立つであろうことは予想がついていたので特におどろかなかったが，田も成り立つと思っていたので衝撃をうけた。だが結果的にそこから深く考えることができたのでよかった

図 4-13　角を丸めて正方形について考えた
S9 のレポート

図 4-14　成り立たない理由を見いだした
S10 のレポート

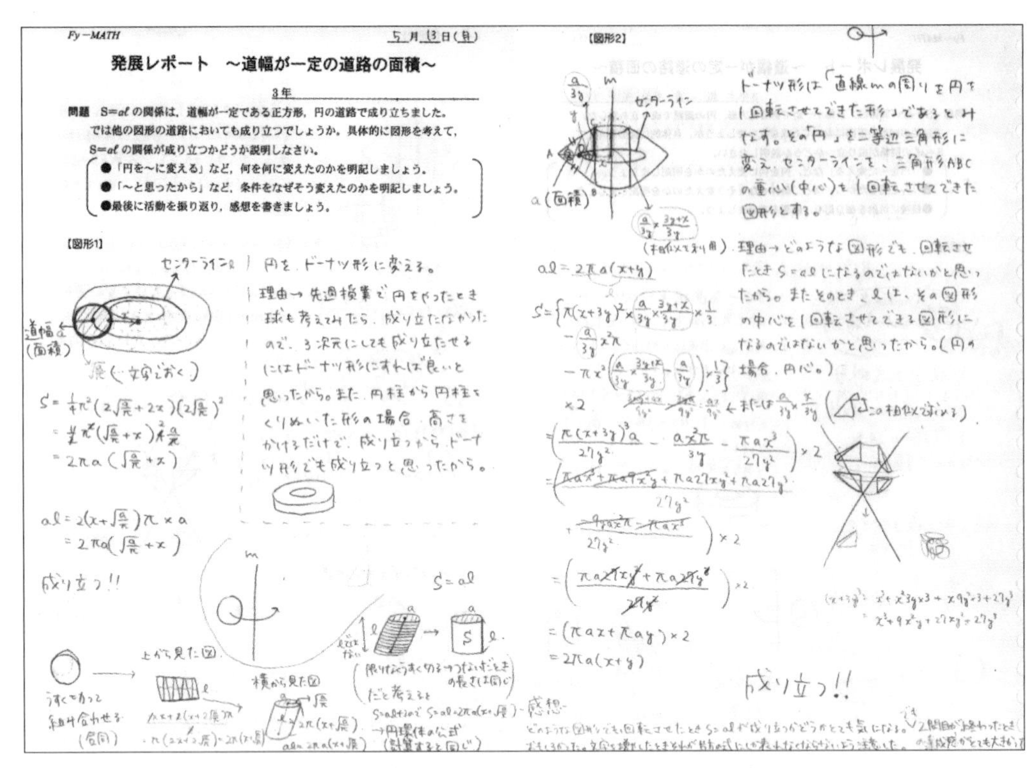

図 4-15　パップス・ギュルダンの定理に迫る S11 のレポート

このように，生徒たちはそれぞれの問いを基に図形を変えて，検証していった。その途中で壁にぶつかるたびに，前のノートやワークシートをめくって既習内容を振り返っている姿があった。問題を解決した過程が可視化された板書づくりやノートづくりを，教師，生徒ともに心がけて授業に臨むことで，生徒の問いを持続させたり新たな問いを引き出したりして，目標の達成に向けた自律的な数学的活動を実現することができると考えられる。

なお，レポート作成を通した数学的活動について，筆者は以下の点に留意して実践している（藤原，2015）。過程を可視化した板書は，特に［留意点Ⅱ］に関連するものである。

［留意点Ⅰ］　数学的な思考・表現の動機付けやよさの実感が得られるように，数学的な発展性や現実性を含む問題・教材を扱う。

［留意点Ⅱ］　発展的に考えた成果をレポートに記述できるように，基になる授業で思考した過程や結果を可視化あるいは言語化して記録することを，数学的活動を通して予め指導しておく。

［留意点Ⅲ］　その後の活動を目的的で有意味なものとして進められるように，解決に向けて「どう計画したのか」「なぜその計画にしようと思ったのか」といった着想や動機を記述させる。

[留意点Ⅳ] 生徒がレポートの作成前にどのような活動が期待されているかを生徒が見通せるように，評価の観点と評価規準を予め生徒と共有しておく。

[留意点Ⅴ] 生徒がレポートの提出後に評価を受け取ったとき，なぜその評価結果なのかを理解できるように，「十分満足できる」状況（A）であるかどうかを判定するための視点を例示しておき，そこに○印等をつけることで教師の採点とする。

[留意点Ⅵ] 生徒がよりよい思考や表現に気付くように，ねらいや留意点を明示した上で小グループ等でレポートを発表，相互評価させ，自分のレポートを可能な範囲で改善させる。

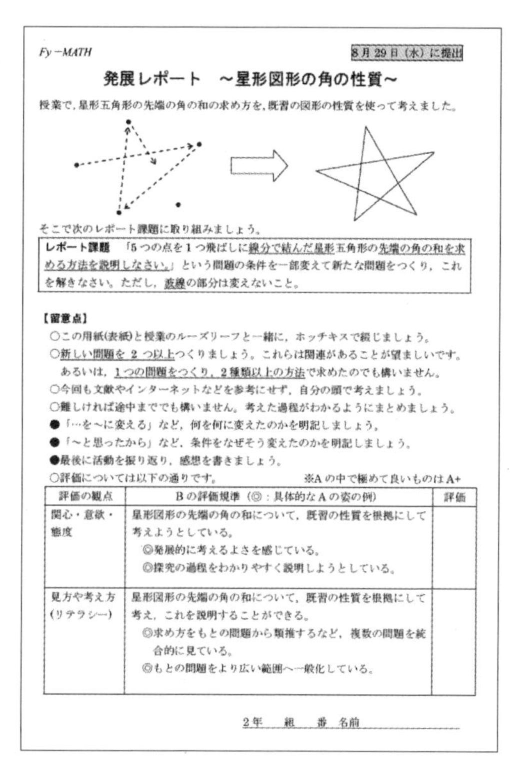
Fy－MATH　　8月29日（水）に提出

発展レポート　～星形図形の角の性質～

授業で，星形五角形の先端の角の和の求め方を，既習の図形の性質を使って考えました。

そこで次のレポート課題に取り組みましょう。

レポート課題　「5つの点を1つ飛ばしに線分で結んだ星形五角形の先端の角の和を求める方法を説明しなさい。」という問題の条件を一部変えて新たな問題をつくり，これを解きなさい。ただし，波線の部分は変えないこと。

【留意点】

○この用紙(表紙)と授業のルーズリーフと一緒に，ホッチキスで綴じましょう。
○新しい問題を2つ以上つくりましょう。これらは関連があることが望ましいです。
　あるいは，1つの問題をつくり，2種類以上の方法で求めたのでも構いません。
○今回も文献やインターネットなどを参考にせず，自分の頭で考えましょう。
○難しければ途中まででも構いません。考えた過程がわかるようにまとめましょう。
●「…を～に変える」など，何を何に変えたのかを明記しましょう。
●「～と思ったから」など，条件をなぜそう変えたのかを明記しましょう。
●最後に活動を振り返り，感想を書きましょう。
○評価については以下の通りです。　　※Aの中で極めて良いものはA+

評価の観点	Bの評価規準（◎：具体的なAの姿の例）	評価
関心・意欲・態度	星形図形の先端の角の和について，既習の性質を根拠にして考えようとしている。 ◎発展的に考えるよさを感じている。 ◎探究の過程をわかりやすく説明しようとしている。	
見方や考え方（リテラシー）	星形図形の先端の角の和について，既習の性質を根拠にして考え，これを説明することができる。 ◎求め方をもとの問題から類推するなど，複数の問題を統合的に見ている。 ◎もとの問題をより広い範囲へ一般化している。	

2年　組　番　名前

図 4-16　レポートの表紙の例

第4章の引用・参考文献

藤原大樹 (2015).「レポート作成を通した数学的活動による指導と評価　～数学的な思考力・表現力と自律的活動力の育成を目指して～」,『日本数学教育学会誌』第97巻臨時増刊, p.354.

横浜国立大学教育人間科学部附属横浜中学校 (2015).『平成26年度研究発表会基調提案資料』.

第5章
実践編

活動にツールは生きているか

本書「実践編」では，できるだけ多くの授業事例を取り上げている。これらのほぼすべてに共通するのは，生徒の言語活動を重視したものであるという点である。生徒の数学的な思考力・表現力を高めるため，また，数学を生徒の内的な世界につくりあげるために，言葉や数，式，図，表，グラフなどの数学的な表現を用いて，記述や口述で説明したり解釈したりするプロセスを意図的・計画的に位置付けている。それは活動によって，自己との対話になる場面もあるし，他者との対話になることもある。このような「受信→思考→発信」が繰り返される学習では，数学的思考を促すために，うまくこれを可視化し，共有化することが重要である。

数学的思考の可視化，共有化という点では，目的に合ったツールを活用することが考えられる。例えば，グラフ描画ソフトなどは，現実の問題の解決に必要な煩雑な表現・処理の繰り返しを可能にする（**事例1**）。また，ホワイトボードや協働学習ソフトは，他者との対話や比較・分類・統合などを促す（**事例2**）。デジタル変換機能付きペンと閲覧ソフトは，紙媒体にかいた複数の考えを瞬時に電子黒板やタブレットPCで共有化し，これらの効果的・効率的な対比・関連付けを可能にする（**事例3**，**事例4**）。様々なツールを学習に生かすことで，数学的に思考したり表現・解釈したりする機会を一層設けるようにしたい。

図5-1　受信→思考→発信

なお，思考の共有化においては，少しの配慮や指導技術で生徒の活動の質を高められる。例えば，黒板を使って発表する生徒には，生徒全員が見える位置，体の向きで立たせ，聞き手の表情をうかがいながら説明させる（図5-1）。また，グループで自分のノートを使って伝え合う場面では，合わせた机の中央にノートを自分から見て逆さまに置き，指で差しながら説明させる（図5-2）。これらは国語科で身に付けるべき言語能力を基礎としており，数学科の授業でも発揮させたい。上記のような指導の工夫は，数学的活動の主体性，社会性を生かす手立てとなる。

図5-2　黒板の前での発表

〔数学的活動の主体性・社会性→p.8〕

教師の教材研究のもと，問題解決をより豊かに進めるためのツールを選択するなどして，生徒の主体的・協働的な学びを展開したい。

図5-3　グループでの発表

事例1 グラフ描画ソフトを活用した試行の繰り返し ～中3「関数$y=ax^2$」の授業～

本授業は，中3「関数$y=ax^2$」の単元の第5時に1時間で扱った。「2つの変数の関係が一次関数や関数$y=ax^2$とみなせるかどうかを判断し，その変化や対応の特徴を捉えることができる」ことが目標である。主となる問題は「ボルト選手が走った2009年世界陸上（100m）の時間と距離の関係はどんなグラフになるだろうか」である。

本授業では，口頭で「ボルト選手が世界記録で優勝した100mはどのような走りだろうか」という漠然とした問いかけから始め，「走り始めてからの時間と距離（位置）の関係がわかればどんな走りかがわかる」といった過程の見通しを引き出した上で，「その時間と距離の関係はどのようなグラフになるだろうか」と問いかけた。さらに「最初は加速して最後は失速する」「グラフにするとS字になる」「ほぼ直線になる」などの結果の見通しを引き出した。

《曖昧な問いから始めて課題を見いだす》**〔直観的推論を促す→p.18〕**

その後，Webで公開されているラップタイムを紹介し，xとyの表を黒板に筆者が書いていった。先ほど生徒が言っていたグラフの概形の話題を再度取り上げ，既習の関数で近似できるかどうかを，「タブレットPCに保存してあるグラフ描画ソフトGRAPESを用いて調べよう」ともちかけた。

生徒はGRAPESを前年度の「一次関数」の単元で初めて操作し，直線のグラフで絵を描く活動などを通して随分慣れている。また，本単元の導入では，理科の「物体の運動」の実験データを一次関数や関数$y=ax^2$のグラフで近似して概括する活動に取り組んである。とはいえ，操作が不安な生徒もおり，グループにしてGRAPESを立ち上げるように伝えると，生徒たちは話し合いながら点を座標平面上に表示させ，単一の関数で近似しようとした。例えば，「$(y1=)ax^2$」と入力して，パラメータa（比例定数）を少しずつ大きくしたり小さくしたりして多くの点にフィットする値を探すのである。しかし，うまくフィットしない。

そこで，筆者は机間を回りながら全グループの状況を見て，「1つのグラフで近似できない場合にはどうすればいいかな」と言って回った。さらに，生徒のPCに表示された単一のグラフを電子黒板で複数紹介し，問いを膨らませていく。

〔「たたき台」を生かす→p.13〕

そして「複数のグラフを変域で分けて近似すればよい」という方法の見通しを生徒から引き出すことができた。

すると，生徒は試行錯誤しながらグラフを表示させ，変域を設定して，関数$y=ax^2$と一次

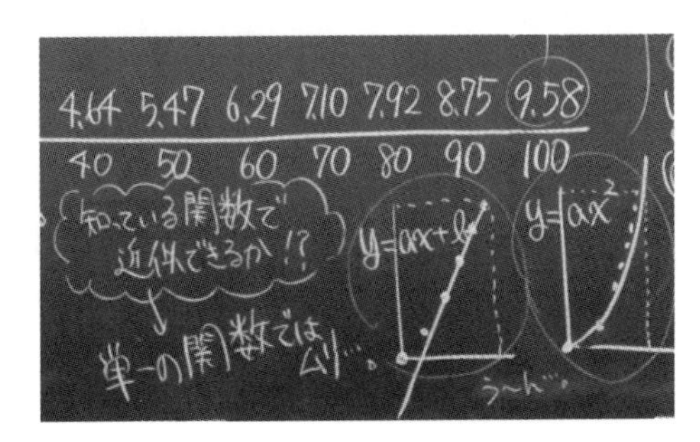

図5-4　フィットしないイメージ

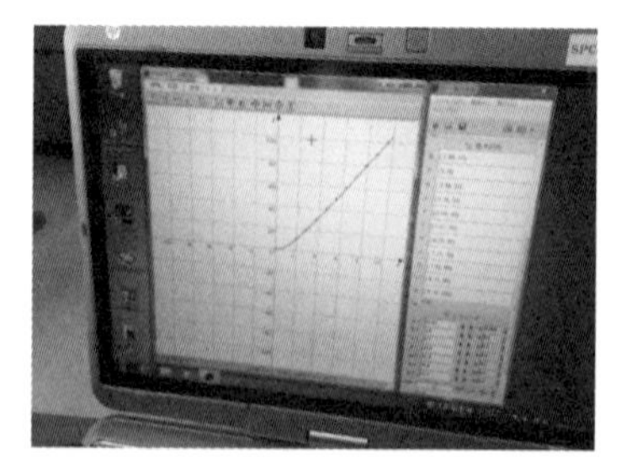

図 5-5　生徒がつくったグラフ

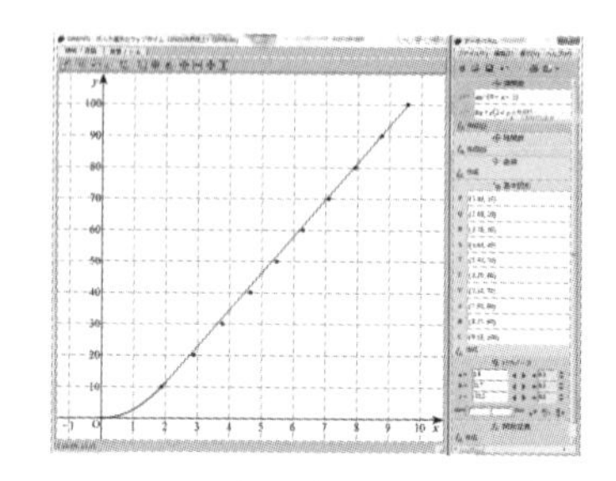

図 5-6　生徒がつくったグラフ

関数とを組み合わせたグラフを表示させ始めた（例えば図 5-5）。図 5-6 は「$(y1=)ax^2$」,「$(y2=)bx+c$」と入力し，パラメータを少しずつ変化させて$a=2.8, b=11.7, c=-12.2$としているものである。その後，生徒が表示したグラフと式を電子黒板で複数紹介した。

板書には一連の問いの流れと電子黒板で紹介した近似関数の一例を書き残し，生徒から出された方法知を整理してまとめた。（図 5-7）

なお，次時では，本時で近似した関数のモデルを使って，変化の割合及び平均の速さの学習を，グラフの傾きと絡めて行った（図 5-8：図 5-7 のクラスとは別のクラスなので，関数の式が図 5-7 とは少し異なっている）。実際のデータや近似グラフを使って，「速さ」という概念を全体的に見たり部分的に見たりすることで多様に捉える経験は，関数と現実事象，また数学と理科を結び付けるよい機会となった。

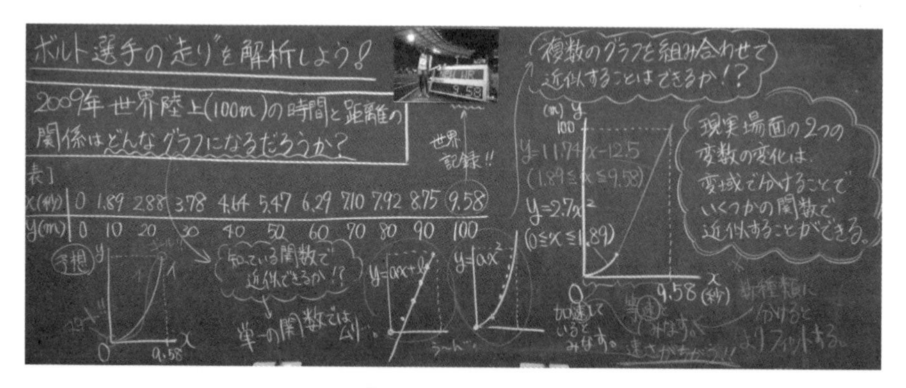

図 5-7　本時の板書

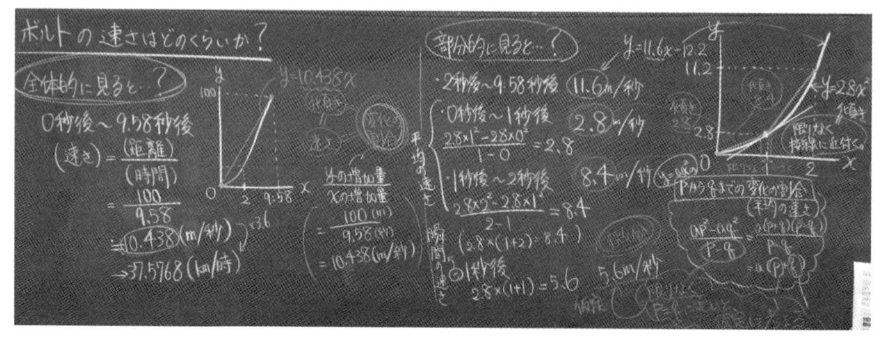

図 5-8　次時の板書（平均の速さ）

事例2 ホワイトボードを活用して対話や比較・分類などを促す ～中3「関数$y=ax^2$」の授業～

本授業は,「関数$y=ax^2$」の単元末に2時間で扱った。対象生徒は事例1と異なる。「現実的な事象における2つの数量の関係を理想化・単純化して一次関数及び関数$y=ax^2$とみなし,それらの変化や対応の特徴をグラフなどから捉え説明することができること」が目標である。

第1時では,保健体育科の授業や体育祭でのリレー種目の話題を取り上げ,問題を提示した(図5-9)。個人で考える時間は与えず,すぐに4人程度のグループになり,考えさせた。はじめは問題場面の登場人物2人(ひさしさんとはじめさん)の時間と距離の関係に実感がもてない様子の生徒もおり,2人の走る様子を消しゴムなどを動かしながら話して理解を深めるグループが多かった。その後,表のyの値の階差やyの平方を求める姿,表の値の変化や対応を調べる姿,座標平面を印刷した用紙に点を打つ姿,教室にある保管庫からタブレットPCを取り出してGRAPESの座標平面上に点を打つ姿,等速直線運動の登場人物(ひさしさん)のグラフを$y=4x+b$として表示する姿が見られた。GRAPESの座標平面上に点を打ったグループは,その点の並びからまず$y=ax^2$のグラフを表示させ,aの値を変化させて最もフィットする値を見つけていた。さらに,事例1と同様に一次関数と組み合わせて考えていた。

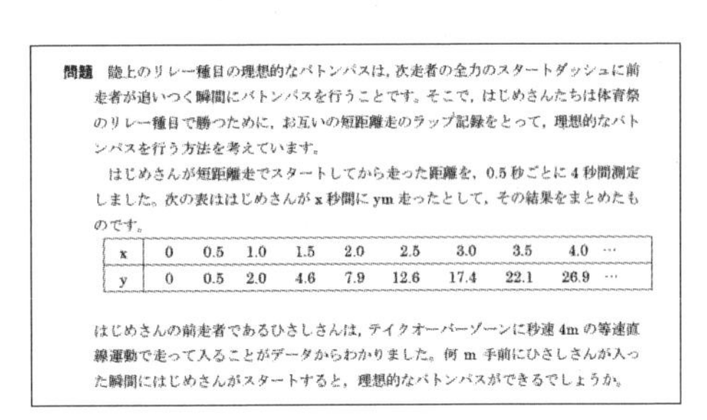

問題 陸上のリレー種目の理想的なバトンパスは,次走者の全力のスタートダッシュに前走者が追いつく瞬間にバトンパスを行うことです。そこで,はじめさんたちは体育祭のリレー種目で勝つために,お互いの短距離走のラップ記録をとって,理想的なバトンパスを行う方法を考えています。

はじめさんが短距離走でスタートしてから走った距離を,0.5秒ごとに4秒間測定しました。次の表ははじめさんがx秒間にym走ったとして,その結果をまとめたものです。

x	0	0.5	1.0	1.5	2.0	2.5	3.0	3.5	4.0	…
y	0	0.5	2.0	4.6	7.9	12.6	17.4	22.1	26.9	…

はじめさんの前走者であるひさしさんは,テイクオーバーゾーンに秒速4mの等速直線運動で走って入ることがデータからわかりました。何m手前にひさしさんが入った瞬間にはじめさんがスタートすると,理想的なバトンパスができるでしょうか。

図5-9 授業で提示した問題

以下,生徒たちの特徴的な活動について,そのグループのホワイトボードを基にみていく。

[二次方程式の解の公式を基に考えた6班]

6班はxとyの関係を「理想化」し,はじめさんの式を$y=2x^2$とし,ひさしさんは$4x-k$としている(用語「理想化」は1年次に指導済みで,生徒たちは日常的に用いている)。「$y=4x$を平行移動」するイメージもある。さらに「2つのグラフが1点で接する時のひさしさんの切片を求めればよい」と,考えの方針についても記述されている。そしてその後は等置法により二次方程式をつくり,「解の公式に当てはめた時」「b^2-4acが0になればよい」とし,$k=2$,つまり「2m手前」という答えを導いている。12グループ中4グループがこの考えであった(図5-10)。

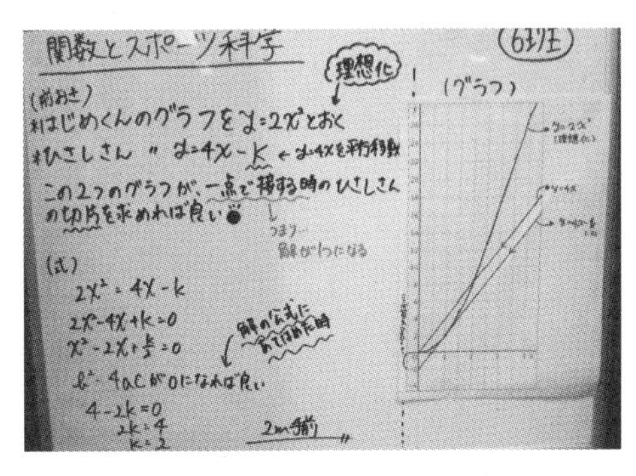

図5-10 解の公式を基にした考え

[平方完成を基にして考えた７班]

等置法により二次方程式をつくり，「$x^2-2x+b=0$」の「x^2-2x」に着目して平方完成して$(x-1)^2=0$とし，$x=1$をもとの式$2x^2-4x+a=0$に代入して$a=2$を見いだし，「2m 手前」という答えを求めている（図5-11）。ちなみに，同様の考えは他のグループにはなかった。

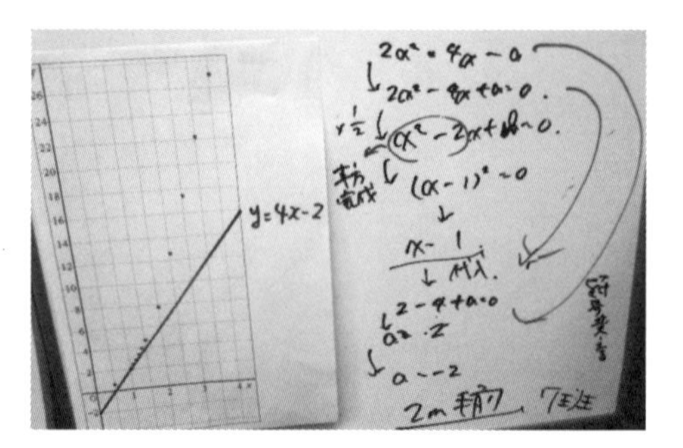

図 5-11　平方完成を基にした考え

[変域を意識してグラフを近似した８班]

GRAPESに，はじめさんのxとyの点を打ち込ちこみ，$y=2x^2$と「理想化」してある。「はじめ…(2, 8)から等速直線運動」とあるように，その前までにバトンパスをしなくてはいけないことに気付いている。つまり，変域を意識してモデルで表していることがわかる。しかし，1点で交わる直線の式については「$y=4x+b$」をGRAPES上で移動させて，視覚的に求めており，「2m 手前」という答えを導いているが，色ペンで「$y=4x-2$な雰囲気」と書き残してある（図5-12）。ちなみに，8班を含めて，12グループ中の4グループが同様の考えであった。

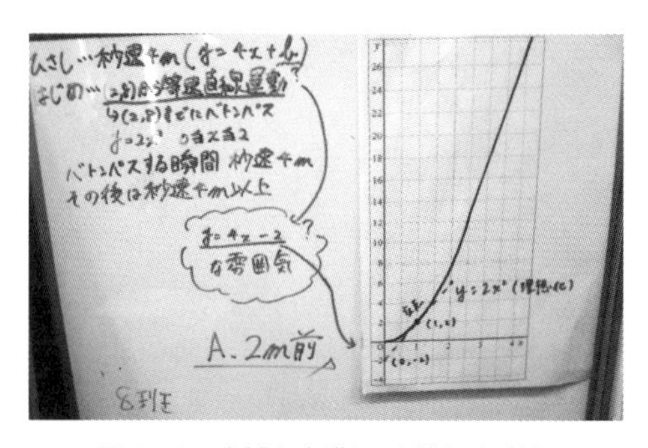

図 5-12　変域を意識して近似した考え

[変化の割合を求める公式を基にした５班]

5班は，本単元で学習した変化の割合を求める公式「xがpからqまで変化するときの$y=ax^2$の変化の割合は$a(p+q)$で求められる」を基に，$p=q$という条件を加えて，二次関数のモデルの変化の割合（瞬間の速さ）が4になるxの値を求めている（図5-13）。しかし，この公式の証明$\dfrac{aq^2-ap^2}{q-p}=\dfrac{a(q+p)(q-p)}{q-p}=a(p+q)$からわかるように，$p=q$とすると分母が0となり，誤りとなる。しかし，導関数につながる重要な考えなので，暖めておいてほしいものである。

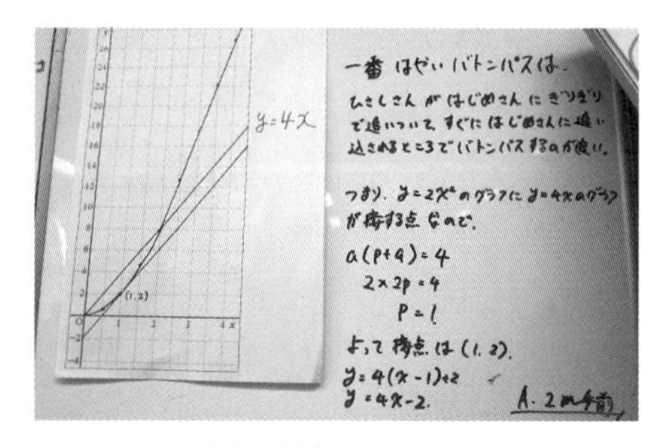

図 5-13　変化の割合の公式を基にした考え

第1時はホワイトボードを黒板に貼って，終えた。休み時間にこれを見にくる生徒がいた。

第2時では，**図5-14**を印刷したプリントを配り，各グループのホワイトボードの画像を電子黒板に映し出して，各考えを簡潔に発表させた。その後，関数のモデルでの近似の仕方，変域を意識する必要性，二次関数と一次関数が接するときの切片の求め方などを強調して板書し，生徒もプリントの余白に記録した（**図5-15**）。特に，解の公式を用いて二次方程式の重解条件を見いだす過程については時間を確保して生徒各自にまとめさせた（**図5-16**）。

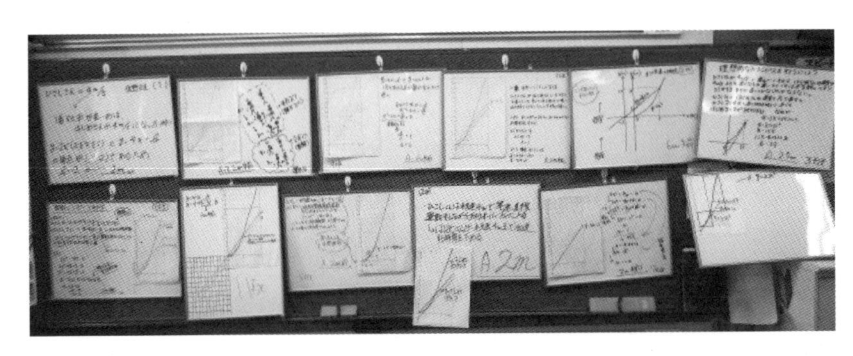

図5-14　黒板に貼られたホワイトボード

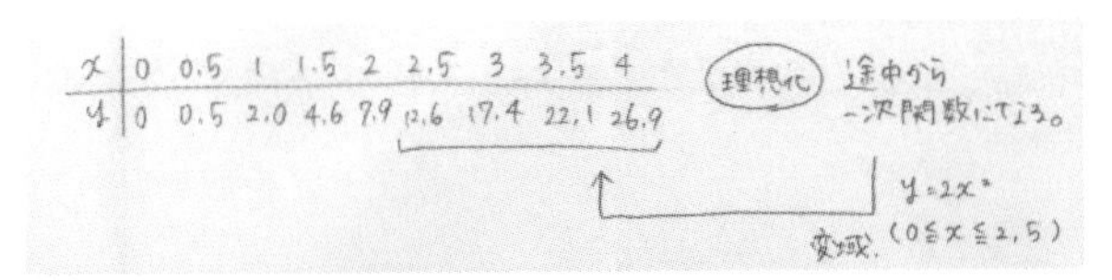

図5-15　第2時での生徒の記述

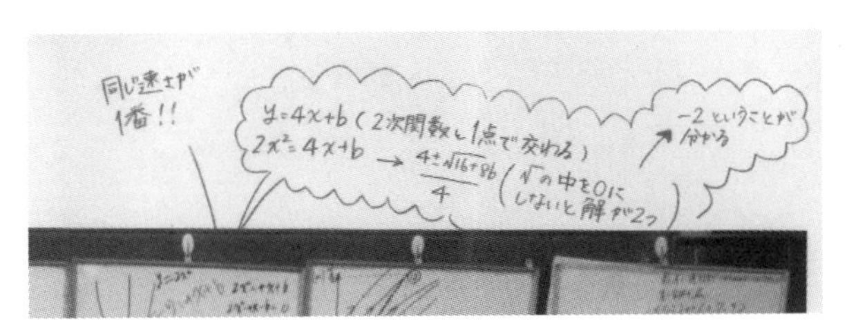

図5-16　第2時での生徒の記述

その後，残り10分間でタブレットPCを取り出し，GRAPESでウサイン・ボルト選手の世界陸上2009のラップタイムのデータを提示し，実際のデータでも二次関数と一次関数とで近似できることを確認した。生徒たちは他者や他グループの考えに関心をもちながら学習を進めるとともに，自分たちで新たな数学的な知識（二次方程式の重解条件）を見いだすことができた。

事例3 瞬時の共有化から複数の考えの対比へ ～中3「式の計算」の授業～

本授業は，中3「式の計算」の式の展開と因数分解を学習し終えた後，「連続する２つの偶数の積に1を足すとどのような数になるか」を教材として発展的に2時間で扱った。「数の性質が成り立つことを，数量及び数量の関係を捉え，方針を明らかにして，文字を用いた式で説明することができること」及び「説明に用いた式の変形を振り返り，数についての新たな性質などを読み取ることができること」が目標である。

図5-17　専用ワークシート

まず導入で，連続する2つの偶数を挙げさせ，「かけて1を足すとどんな数になるか」の予想を「デジタルペン」（大日本印刷）で専用ワークシート（図5-17）に書かせた。〔直観的推論を促す→p.18〕

このデジタルペンとは，専用ワークシートへ記述した情報を位置情報としてデジタル変換し送信できる機能が付いたボールペンである。この全記述は，その閲覧ソフト「OpenNOTE」（大日本印刷）を通して生徒PCや教師PCで瞬時に一覧することができる（図5-18）。これにより，予想した事柄についての多様な表現の違いに気付き，中には不足点を修正する生徒もいた。各グループの表現が目前で一覧されるので，生徒の顔はすべて上がり，解釈，比較などが自然と始まる。ここでは，生徒たちは「２つの偶数の間の奇数の２乗になる」がよいとし，板書した。その後，「でも，これって本当に成り立つの？」「絶対に成り立つ？」「どうやって説明すればいいの？」と授業者から問い，説明を動機付けた。

〔反省的推論を促す→p.18〕

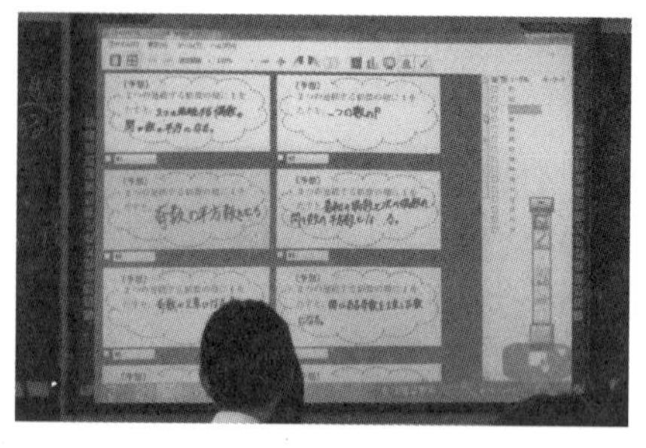
図5-18　電子黒板で表現を一覧した様子

しばらくして「～をnとすると」などの生徒の文字の置き方が多様であることを机間指導などで見取った。「人によって違うんだねぇ」と筆者がブツブツ言いながら，図5-19の黒枠部分を範囲指定して，全グループの“書き出し”を電子黒板で一覧表示した。《複数の考えの違いを探る》

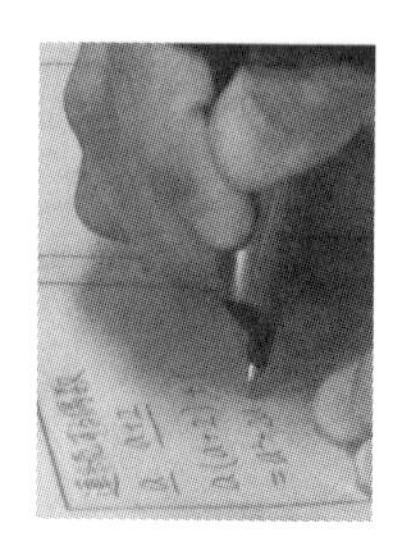
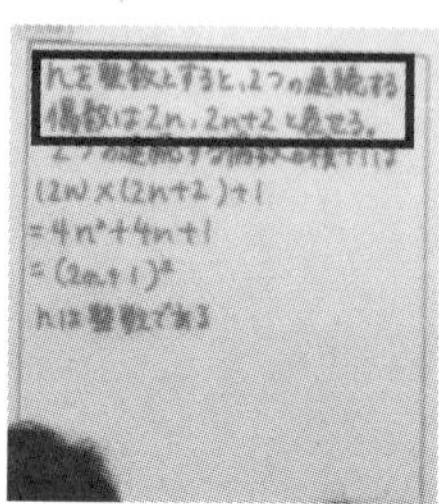

図5-19　説明の“書き始め”の部分

複数のグループで同じ記述があった場合，カラーパレット（シート）の同じ色をペンでタッチさせることで，画面右のグループ番号に同じ色が付くようになっている。この場面では，文字の置き方によって赤青黄の3つに分類された。そうしていると，至るところで「あれ，いいの？」「偶数は$2n$でしょ」などというつぶやきが聞こえる。「どうしたの？」と聞くと，2つの連続する偶数を「a，a+2」や「$n-1$，$n+1$」と置くことの良し悪しを議論していた。

これを受けて，2つの連続する偶数を「a，$a+2$」と置くことについて「これよいの？　よくないの？」と問い，グループで話し合わせた。各グループの話合い結果をアンケート機能で色付けして分類すると，全11グループ中，10グループが「よくない」，1グループが「よい」と判断した（図5-20）。

図5-20　多様な“書き出し”と色分け（右）

《複数の考えを対比させる》

第2時では，2つの連続する偶数を「$2n$，$2n+2$」と置いた説明を全体で共有した後で，第1時の“良し悪し”について話題を戻した。ここで，「a，$a+2$」を「よい」と判断した1グループが「こう置けば『連続する2つの偶数』よりももっと広いことまで説明できる」と主張し始め，「よくない」という各グループの考えが「よい」に変容していった。

《ツールで思考の過程の可視化を促す》

その後，「連続する自然数」を「2違いの自然数」などとしたり，自然数を小数や分数，負の数などにして考えたりして，命題の仮定部，結論部を広げていった。その際，複数の具体例から一般化していくだけではなく，一般化の途中で具体例に戻り，反例がないかどうかを確かめたりしていくことを大切にしていった。そうすることで「本当だ」などのつぶやきも聞かれ，納得の様子が確認できた。〔一般化と特殊化→p. 24〕

その結果，もとの命題を「差が$2n$である2つの数の積にn^2を足すと，それらの数の真ん中の数の2乗になる」と生徒自身が発展させ，数学的な探究による達成感を教室全体で共有できた。

本時では，文字式を用いた説明の動機付けとして，同じ計算をするとどんな数になるかを予想する場面（結果の見通し）を設けた。その予想をデジタルペンとOpenNOTEで瞬時に共有化することで，予想した事実の説明の質を比較して，説明における表現にこだわる意識を高めることができた。また“書き出し”の文字の置き方についても，範囲指定して瞬時に一覧表示して共有化することで，自然な流れで生徒の関心を集め，それぞれの記述の比較や分類を促し，生徒がその良し悪しを話し合う活動に円滑に移行できた。その結果，ほとんどのグループが最初は「よくない」と思っていた考えが，その後，実は発展性のある素晴らしい考えであったことに生徒たち自身で気付くことができた。

《複数の考えの違いを探る》

さらに，その過程を通して，さらなる発展について関心が向き，新たな命題まで広げることができた。

このようなICT活用で，生徒が思考した過程や結果を瞬時に共有化できることで，生徒全員が授業の舞台に上がり，比較，分類，統合，発展などの思考を自然な流れで促すことができる。このような実践は，数学をみんなで学び合うことのよさの実感につながるものと考える。

事例4 瞬時の共有化から複数の考えの関連付けへ ～中2「平行と合同」の授業～

本授業は中2「平行と合同」の単元末に，お茶の水女子大学附属中学校で実施させていただいた1時間の飛込み授業である。「星形五角形の角の和や星形n角形の角の和について，既習の図形の性質を根拠にして考えることができること」が目標である。

お茶の水女子大学附属中学校のスマートルームは，前述のデジタルペンで専用ワークシートに記述したことが，教師用PCのOpenNOTEを介して前方の電子黒板（通常の3枚分の面積）に投影されて，一覧したり再生したりできる（図5-21）。生徒の記述が瞬時に共有化できること，これらを拡大・縮小できること，色付けして分類できること，並べ替えられること，必要に応じて書き込めることなどといったこのICT環境のメリットを生かし，星型図形の角の和（藤原，211）を教材として，数学的思考を深められるような授業にしようと構想した。

図5-21　スマートルームのICT環境

まず，全員でノートを開き，それまでの「平行線と角」の学びを筆者と生徒とで一緒に振り返っていった。その中で「多角形の内角の和」の授業のノートに焦点を当て，五角形で内部の点に頂点から線分を引いて三角形を5つつくって求めたS1の記述を電子黒板に実物投影して取り上げ，共有した。

次に，「星形五角形の先端の角の和」の授業で多様な方法を考えられたことを踏まえ，新たに「さきほどの方法（五角形でのS1の求め方）で求められるかな？」と問いかけ，本時の問題を電子黒板左のホワイトボードに書いて意識付けた（図5-22）。求められるかどうか，生徒はしーんとして，見当がつかない様子だった。

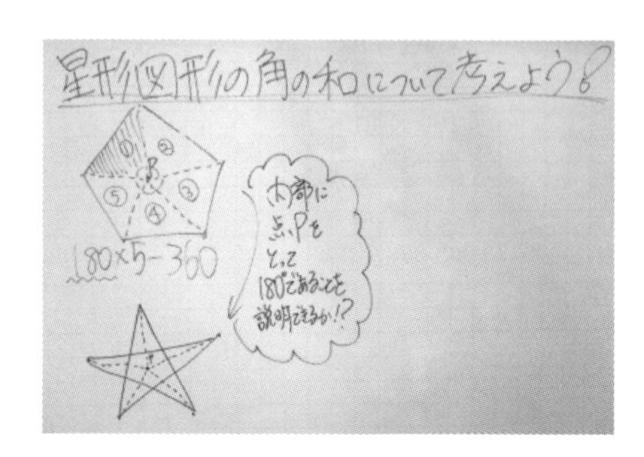

図5-22　見いだした問い

《過程を振り返って問いを見いだす》

そこで，個人用ワークシートとグループ用ワー

図 5-23 話し合って考える様子

図 5-24 振り返って見通しを立てる様子

図 5-25 デジタルペンで記述する様子

クシートを配付し，グループで話し合って考えるように指示した。なお「グループ用ワークシート」は必ずしも使わなくてもよいと伝えた。すると，黙々と個人で考えるグループもあれば，最初からグループ用ワークシートにかき込んで話し合うグループもあった（図5-23）。見通しが立たないグループには，前のホワイトボードや過去のノートに手がかりがないか声をかけ，一緒に探していった（図5-24）。机間指導を経て，徐々にグループの考えが進んでいく様子を確認した上で，デジタルペンとカラーパレットで専用ワークシートに書くように伝えた（図5-25）。なお，後で考えを共有する場面のために，デジタルペンでは，考えるために基にした図形（例えば2班はブーメラン型）に色をつけることと，求める式のみを記述するように指示した。

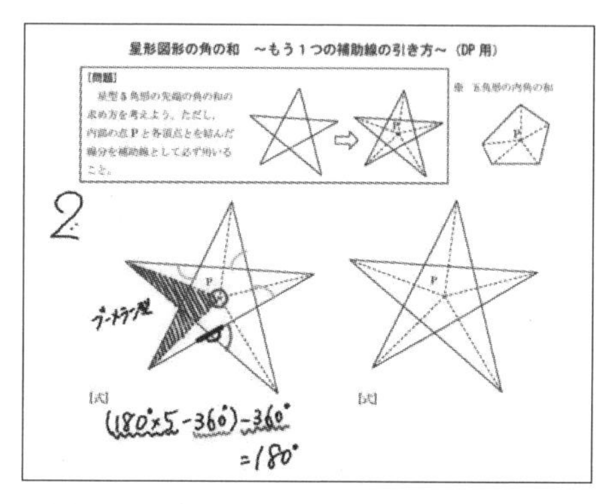

図 5-26 専用ワークシートへの 2 班の記述

〔複数の世界での表現を取り上げる→p.35〕

すると，図5-26のように専用用紙にデジタルペンで記述したことが前面の電子黒板に一覧表示されていく（図5-27）。これで全8班を授業の舞台に載せることができ，生徒全員が主役になる準備が整った。生徒は，表示されたものを遠目に確認しながら，話し合って記述をさらに進めていった。なお，生徒のワークシートには，かき直しできるように図を2つ載せるとともに，点線の下に後で必要に応じて加筆できるようにした。

図 5-27 全班の記述が表示された電子黒板

全体の考えを共有する際は，基にした図形と式のみを範囲指定して一覧していった（図5-28）。

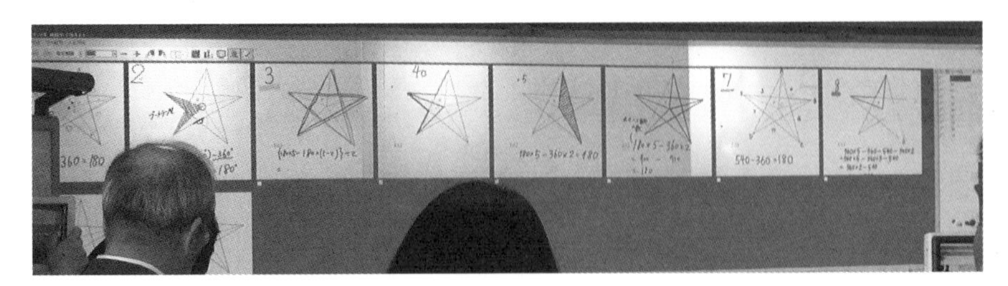

図 5-28　記述の一部を範囲指定して一覧した電子黒板

ここで，授業終了まで約15分。8つの考えを順番に全班に発表させていっては，それぞれの考えの解釈の時間がかかる上，本時の主題である関連付けやさらなる発展などは時間切れになってしまう。そこで，最も多いと見られる考えをまず発表させ，解釈させた後，基にした図形がこれとが同じかどうか，また同じでも式や考えが同じかどうかという視点でその後の発表を進めていくことにした。 〔考えの違いを探る→p.17〕〔複数の考えを比較し関連付ける→p.33〕

まず，ブーメラン型の図形を基にしたとみられる1班と2班の図を並べて拡大表示し，「それぞれがどうやって求めたのかを30秒で読み取ってみよう。近くの人と話合ってもいいよ」と投げかけた。 〔考えをよむ機会を設ける→p.34〕

その後，1班の生徒に前で説明してもらった。すると緊張のせいか，途中まで説明して混乱してしまう（図5-29）。そこで同じ班の他の生徒に助けを求め，別の生徒が補足した（図5-30）。次いで，2班に「1班と同じですか？」と筆者が聞くと，2班の生徒は「考え方がちょっと違う」と答えた。そこで，「じゃぁ，そのちょっと違うという部分を説明してくれる？」と説明の対象を限定して投げかけた。すると「1班は…したんですけど，私たちは…」と，その違いについて上手に説明してくれた（図5-31）。

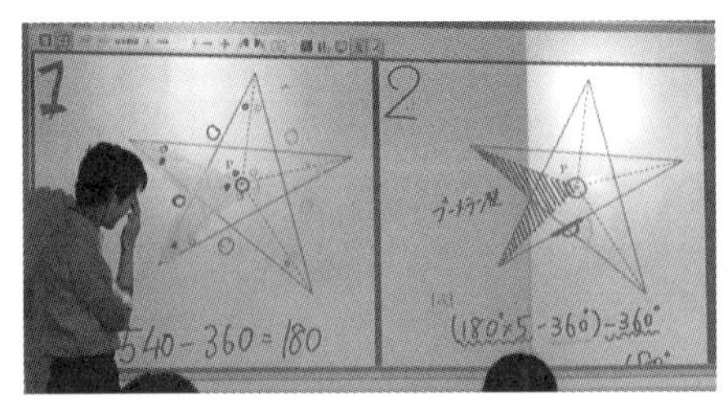

図 5-29　1 班の説明

図 5-30　補足説明

図 5-31　2 班の説明

ブーメラン型に着目したのは1，2班の他に4，7，8班だった。式がまだ考えられていない4班，1班と同じだと言う7班は触れる程度とし，1，2班と考えが少し異なると言う8班には前で説明してもらった（図5-32）。これらの着目した図形が同じであるということで，赤色を付けて並び替えをした。それ以外の考えに関心を写し，大きな三角形に着目した3班，小さな三角形に着目した5班に説明してもらった（図5-33，図5-34）。5班の説明は短めに終えたが，「点Pの360°が2周分あって…」という説明を理解できるかどうかが要点である。「わかったかな？ここわかりづらいよ。」と聞くと，不安そうな生徒がたくさん見受けられた。そこで，5班と同じ考えであった6班の生徒に，「360°が2周分」の重なる部分を，前方左のホワイトボードの図に書いて説明してもらった（図5-35）。 **《他者に補足させる》**

多くの生徒が納得できたようだった。

最後には，筆者がホワイトボード上に7つの点をとって線分で結び，さらなる発展の可能性について紹介した（図5-36）（池田，2014）。 **《新たな問いを提示する》**

図5-32　8班の説明

図5-33　3班の説明

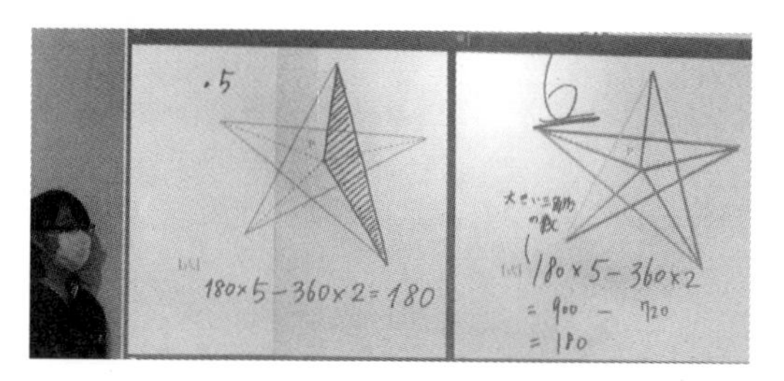

図5-34　5班の説明と6班の記述

図5-35　6班による補足

図5-36　発展

第5章の引用・参考文献

藤原大樹(2011).「課題学習」，江森英世(編著),『発問&板書で丸わかり！ 中学校新数学科授業ライブ 第2学年編』，明治図書，pp.66-68.

池田敏和(2014).『中学校数学科 数学的思考に基づく教材研究のストラテジー24』，明治図書，pp.122-125.

藤原大樹(2015).「生徒が新たな数学を生み出す数学的モデリングの指導 －中学校数学科の関数領域に着目して－」，『日本科学教育学会年会論文集39』，pp.101-104.

第6章
実践編

活動と活動は積み重なっているか

私たち授業者は，授業の中で目の前の生徒たちに数学の力をつけられるように勝負する。しかし，実際の生徒は，50分間の授業だけでなく，中長期にわたる授業のつながり，活動の積み重ねなくしては，力がついていかない。一連の授業と授業，活動と活動とに関連性や高まり，深まりをもたせ，生徒にそれを気付かせながら，学びを積み重ねていくことが大切である。「昨日は教科書の51ページをやったから今日は52ページをやります」という授業では，何のために学ぶのかが生徒に理解されず，能動的，創造的な学習は実現しないであろう。では，活動と活動をどのように積み重ねて単元等のカリキュラムをつくればよいのだろうか。

単元構成には大きく次の2つの志向があると考えられる。

［前向き志向］ 生徒の実態をまず踏まえ，そこから問いの流れがより自然になるように活動を配列し，生徒が数学を無理なく構成的に獲得できるように単元を構成する。
［後戻り志向］ 単元で身につけるべき力をまず具体化し，そこから逆算して問いや活動を配列し，想定したパフォーマンスができるようにカリキュラムを構成する。

前向き志向は，生徒の問いを軸として，発見的，探究的に単元を構成していく方法である。「なぜそれを学ぶのか」を重視した単元づくりといえる。また，後戻り志向は，生徒がたどり着いてほしいゴールから遡って，何をどの順序で学習していけばよいか，学習内容を配置していく方法である。「何に向かって学ぶのか」を重視した単元づくりであるといえよう。

授業者はこの両方の視点でもって，主体的に単元を構想することが重要である。単元の目標を生徒の行動レベルで具体化して例示し，そのために必要な学習内容を逆算してピックアップした上で（後戻り志向），いかにその学習内容を生徒が問いをもって，主体的・協働的に学び進められるか，内容や教材，発問を検討する（前向き志向）のである。

身近にある既存の単元構成といえば，教科書のものがまず挙げられる。どの社のものも様々な工夫が改訂のたびに施されているが，教科書ゆえの事情や教師の暗黙の慣れが優先されて決まっている単元の流れもある。それゆえ，生徒の問いが生まれにくく，指導しづらく感じることはないだろうか。全8社の教科書の単元構成を見ていくと，例えば次の学習内容は各単元でどのような順でどのように指導すればよいか，筆者は疑問が湧いてくる。

・二次方程式の解き方（平方根の考え，因数分解，平方完成，解の公式）

・ヒストグラムと代表値，範囲（**事例1**）　・関数の表，式，グラフ（**事例2**）

学問としての数学の系統性に配慮しつつ，あくまで目の前の生徒の視点に立って，豊かに学ぶことができる単元構成を，教科書等を「たたき台」として批判的に検討する力が授業者には求められるのではないだろうか。

事例1 問いの進展を重視して単元をつくる
～中1「資料の散らばりと代表値」の授業～

統計は，不確定な社会において，データを基に状況を予測・判断する上で有効な数理科学である。その統計を扱う本単元では，「目的に応じて資料を収集し，表やグラフに整理し，代表値や資料の散らばりに着目してその資料の傾向を読み取ることができる」ことを目標としている。知識・技能の指導においては，教師から一方的，個別的に教授するのではなく，生徒のもつ素朴な統計的な見方や表現を生かしながら獲得できるように，生徒の問いを軸とした統計的問題解決過程を通して学習を進めたい。統計的問題解決過程とは，身のまわりの問いを解決するために統計的に解決できる問題を設定し，解決の計画を立てて資料を収集し，分析，考察することで結論を得るという一連の活動のことで，Problem-Plan-Data-Analysis-Conclusion（必要であればそのサイクルを何周か回る）でPPDACサイクルと表現することがある。この一連の活動を通して学ぶことで，ヒストグラムや代表値などの必要性と意味が深く理解されるとともに，目的に応じて活用できるようになることが期待される。

では「主たる教材」である教科書では，本単元の展開はどのように構成されているのだろうか。ある教科書の「節」等の問いの流れは，**表6-1**のとおりである。

表6-1　ある教科書の「節」等の問いと学習内容

問い	学習内容
資料を表に整理して，散らばりのようすを調べてみよう。	範囲，度数分布表，階級，階級幅
度数分布表からグラフをつくり，資料の分布を調べてみよう。	ヒストグラム，度数折れ線
割合を使って，2つの資料の分布を比べてみよう。	相対度数
資料全体の特徴を1つの数値で表すことを考えてみよう。 度数分布表から平均値を求めてみよう。 代表値の用い方や選び方について考えてみよう。	代表値（平均値，中央値，最頻値），階級値
測定して得られた値の信頼性や表し方を調べてみよう。	近似値，誤差，有効数字
この章で学んだことを活用して，身のまわりの資料からどんなことが読み取れるかを調べてみよう。	活用，説明

その内容を学ぶための問いが並んでいるが，「なぜ資料を表に整理して散らばりのようすを調べる必要があるのか」，「なぜ測定値の信頼性や表し方を調べる必要があるのか」，そして「なぜ統計を用いて資料の傾向をとらえる必要があるのか」といった学ぶ目的，必要性にも十分配慮したいものである。この展開では，一連の統計的問題解決は単元末にしか設定されていない。

また，本単元に割り当てられた授業時数（多くて十数時間程度）でこれだけの内容を効果的に学習するには，扱う資料や文脈をある程度限定して，効率的に指導したい。一連の統計的問題解決の過程の中で必要な知識・技能を生み出させることを考えると，単一の教材を単元を通じて扱いつつ，比較対象となる類似データを加えたり，授業で扱う生徒の問いを変えたりすることで，統計的問題解決過程を複数回経験させることにより効果的で効率的に指導できるのではないかと考える。

そこで筆者らは，落下させた直定規を瞬時に掴む実験「Ruler Catch」のデータを単元を通じて扱い，複数回のPPDACサイクルを経験する中で，単元で学習する知識・技能を生徒から生み出す展開を構想し，実践した。表6-2は本単元における問いの流れである。生徒の問いを解決する中で知識・技能や考え方が生み出され，これらを生かして次の問題解決を行う。そしてその中でまた新たな知識・技能や考え方が生み出される，という展開である（大内・藤原・石原，2014）。中央値，平均値，ヒストグラム，最頻値の順で学習することが1つの特徴でもある。

表6-2　単元における問いの変容

問い	学習内容
自分の反応時間はどれくらいだろうか。★	近似値，誤差
集団における自分の位置を調べるにはどうすればよいだろうか。★	中央値，平均値
代表値が同じ場合，分布の傾向は同じであるといってよいのだろうか。（資料の分布の様子がつかみやすい整理の仕方にはどのようなものがあるだろうか。）	ヒストグラム，度数折れ線
自分たちのクラスと隣のクラスの傾向を比較すると何がわかるだろうか。★	最頻値，代表値，範囲
中1は大人と比べて反応時間が速いといえるだろうか。★	相対度数
反応時間について自分なりの問題を設定し，レポートをつくろう。☆	活用，説明

※★印は，単元の第一時で生徒から実際に引き出せた問い（教師が事前に想定していた）。
※☆印は，単元を通した★の問いを振り返って自分なりの問題を見いだすように仕向け，取り組ませた。
※有効数字は「正負の数」単元で指導済みである。

表6-2の問いのうち，「クラスにおける自分の位置を調べたい」，「他のクラスと比較したい」といった問いを「個別的な関心による問い」とするならば，「年齢によってどう変わるか」といった問いは相対的に「社会や科学に向けられた一般的な問い」である。そして，この変容を「問いの進展」といい表すことができよう。このように，単元を通して統計を活用して生徒の関心や解決できる問いの世界が次々と広がっていく経験を自覚的に進めることができれば，生徒の“統計観”や統計の適用範囲がより広いものとして捉えられるようになると考えられる。次ページには，プロセス重視の学習単元構成の一部（授業者：大内広之教諭）を掲載してあるので，ご一読されたい。

事例1 の資料：中１「資料の散らばりと代表値」の単元構成

能力育成のプロセス（15時間扱い，本時 □ は10時間目）

次	時	評価規準 ※（）内はAの状況を実現していると判断する際のキーワードや具体的な姿の例 （①から④は，３の評価規準の番号）	【　】内は評価方法 及び Cの生徒への手だて
1	1 ｜ 2	知④　近似値，真の値，誤差，有効数字の意味と表し方を理解している。（○◎） （A：四捨五入する桁を関連付けて理解している。）	【ワークシート，小テスト】 C：不等号や指数の表し方を確認させる。
	3 ｜ 4	知④　平均値と中央値の必要性と意味を理解している。（○） 技③　資料の平均値と中央値を求めることができる。（○）	【ワークシート，観察】 C：平均値，中央値の定義を確認させる。 【ワークシート，観察】 C：平均値，中央値を求める手順を確認する。
	5 ｜ 6	知④　度数分布表やヒストグラムなどの必要性と意味を理解している。（○） 技③　資料をヒストグラムなどを用いて整理することができる。（○）	【ワークシート，観察】 C：資料を整理し，階級の幅を決め，度数分布表をつくらせ，ヒストグラムと度数折れ線をかかせる。 【ワークシート，観察】 C：小６での学習を想起させ，度数分布表のかき方を確認する。
	7 ｜ 9	見②　代表値などを用いて資料の傾向を読み取ることができる。（○◎） （A：読み取ったことを根拠を基に説明することができる。） 知④　範囲や最頻値などの必要性と意味を理解している。（○◎） （A：複数の資料における分布の範囲や最頻値を比較して読み取れることを理解している。）	【ワークシート，小テスト】 C：最大値，最小値，範囲などを求めさせる。 C：資料の範囲をもとに階級の幅を決め，度数分布表をつくらせ，ヒストグラムと度数折れ線をかかせる。 【ワークシート，小テスト】 ・範囲や最頻値などの定義を確認する。
	10 ｜ 12	見②　資料の傾向を読み取るために，分析の計画を立てることができる。（○） 知④　相対度数の必要性と意味を理解している。（○） 見②　相対度数などを用いて資料の傾向を読み取ることができる。（○◎） （A:読み取ったことを根拠を基に説明できる。） 技③　資料の相対度数を求めることができる。（○）	【ワークシート】 C:過去の学習を振り返らせて手がかりをつかませる。 【ワークシート，観察】 C：人口密度など小５の学習を振り返り，度数の合計に対する各階級の度数の割合に着目させる。 【ワークシート，観察】 C：相対度数の意味や求める式を確認するとともに，読み取った事実やその根拠を言わせ，文章化させる。 【ワークシート，観察】 C：相対度数を求める式を確認する。
2	13 ｜ 15	関①　ヒストグラムや代表値などを用いて資料の傾向をとらえ説明することに関心をもち，問題の解決に生かそうとしている。（◎） （A：見通しを立てようとしたり，過去の学習を振り返ろうとしたりしている。） 見②　問題を解決するために，ヒストグラムや代表値などを用いて，資料の傾向をとらえ説明することができる。（◎） （A：資料の傾向を根拠を明らかにして説明することができる。）	【ワークシート，観察】 C：どのようにデータを整理していけばよいか，過去の学習を振り返りながら見通しをもたせる。 【ワークシート，説明や発表の内容の分析】 C：仮説をたて，ヒストグラムや代表値などを用いて自分なりの考えをまとめさせる。

○は主に「指導に生かすための評価」,◎は主に「記録するための評価」

主たる学習活動 ※主に思考力・判断力・表現力等の 育成に関わる言語活動に下線	指導上の留意点・ポイント	時
自分の反応時間はどれくらいだろうか。 ・調査方法を考えさせ,グループでまとめる。 ・実際に実験「Ruler Catch」を行い,資料を収集する。 ・近似値,真の値,誤差, 有効数字について理解する。 ・小テストに取り組む。	・反応時間の単位を「長さ」に置きかえてデータ化させる。 ・定規の図を取り上げ,実感を伴った理解を促す。 ・クラスでの自分の位置やクラス同士の比較など,調べたいことを引き出し,次時以降につなげる。	1 ｜ 2
自分の位置を調べるにはどうすればよいだろうか。 ・クラス内での自分の記録の位置を調べる方法について考え,平均値と中央値の必要性と意味を理解する。 ・平均値と中央値を用いて資料の傾向を説明する練習問題に取り組む。	・目的に応じて平均値や中央値を適切に選び,その資料の傾向を読み取り,説明させる。 ・練習問題は外れ値を含む資料を扱い,分布の様子に着目する必要性を感じさせて次時につなげる。	3 ｜ 4
資料の分布の様子が捉えやすい整理の仕方にはどのようなものがあるだろうか。 ・度数分布表やヒストグラムの必要性と意味を理解するとともに,階級や度数などの用語の意味を理解する。 ・階級幅などの設定の仕方で分布の見え方が異なることを理解する。	・小６の教科書を取り上げ,関連付ける。 ・階級の幅などを各自に決めさせて,度数分布表やヒストグラムをかかせる。全体では複数の表を取り上げる。 ・stathistで階級幅の異なるグラフを複数見せる。	5 ｜ 6
C組と他クラスの傾向を比較して何がわかるだろうか。 ・２つの資料の分布の類似点や相違点を,既習の用語(中央値,階級など)を用いて説明する。 ・範囲と最頻値の必要性と意味を理解する。 ・分布の形状で資料の傾向が捉えられることに気付く。 ・範囲や最頻値を用いて資料の傾向を説明する練習問題に取り組む。 ・小テストに取り組む。	・第２時で引き出した問いを取り上げる。 ・範囲と最頻値についての生徒なりの記述を引き出して取り上げ,その用語と定義を紹介する。 ・stathistを用いて度数折れ線を紹介する。 ・双峰型の分布の資料を取り上げ,層別する考えを紹介する。 ・第10時に向けて,大人の資料を収集する方法を考えさせる。これを受けて授業者が収集する。	7 ｜ 9
中１は大人と比べて反応時間が速いといえるだろうか ・グループで,資料からどちらが速いかを予想する。また分析方法を話し合い,カードに記述する。 ・カードを黒板に貼り,発表,意見交換する。 ・相対度数の必要性と意味を理解する。 ・意見交換を通して考えた計画を個人で記述する。 ・計画をタブレットPC を使って実行し,結論を得る。 ・相対度数を求めたり, これを用いて資料の傾向を説明したりする練習問題に取り組む。	・報道等を基に,年齢による違いに注目させる。 ・「分布の様子を見た方がいい」,「度数折れ線を使えばグラフを重ねて表示できる」,「分布に外れ値があったら平均値ではなく中央値で比較した方がよい」など, 方法の見通しを引き出し共有する。 ・カードを分類・整理して価値付けする。 ・タブレットPC のstathistを生徒に使わせる。	10 ｜ 12
反応時間について問題を設定し, ヒストグラムや代表値を用いて説明するレポートを作成しなさい。 ・計画を立て,検討し,資料を収集する。 ・タブレットPC を使ってヒストグラムに表したり代表値を求めたりして資料の傾向を読み取り,問題に照らして結論を出す。その過程をレポートに整理する。 ・問題解決の過程をまとめ,小グループで発表する。 ・それまでの過程を振り返り,改善点を見いだす。 ・問題を解決する手順や留意点を整理して記述する。	・予想や仮説を立てさせる。 ・stathistを使わせる。 ・方眼付きのプリントにまとめさせる。 ・特に,調査の条件や方法などの計画を振り返らせる。	13 ｜ 15

事例2 の資料：中３「関数 $y=ax^2$」の単元構成

5　能力育成のプロセス（15時間扱い，本時 □ は13時間目）

次	時	評価規準 ※（）内はAの状況を実現していると判断する際のキーワードや具体的な姿の例 （①から④は，３の評価規準の番号）	【　】内は評価方法 及び Cの生徒への手だて
1	1	関①　関数$y=ax^2$に関心をもち，データを一次関数や関数$y=ax^2$でとらえようとしている。（○） 知④　現実的な事象の中には，関数$y=ax^2$でとらえられるものがあることを理解している。（○）	【行動の観察，PC画面，ワークシート】 C：何をすればよいのか改めて説明して理解させる。 【行動の観察，ワークシート】 C：実験環境に伴う誤差があることに言及する。
	2 ｜ 4	技③　関数$y=ax^2$の関係を表，式，グラフで表すことができる。（○） 見②　関数$y=ax^2$の特徴を，表，式，グラフを相互に関連付けて見いだすことができる。（○） 知④　関数$y=ax^2$の特徴，及び２乗に比例することの意味を理解している。（○）	【行動の観察，ワークシート】 C：一緒に表を丁寧にかかせてグラフをかかせる。 【行動の観察，ワークシート】 C：誘導して特徴に気付かせ，なぜか考えさせる。 【行動の観察，ワークシート】 C：関数$y=ax^2$の特徴と練習問題の関連に気付かせる。
	5 ｜ 9	見②　２つの変数の関係が一次関数や関数$y=ax^2$とみなせるかどうかを判断し，その変化や対応の特徴をとらえることができる。（○） 知④　関数$y=ax^2$の変化の割合と変域の意味について理解している。（○） 技③　$y=ax^2$の変化の割合や変域を求めることができる。（○◎） （A：煩雑な処理における手際のよさ）	【行動の観察，PC画面，ワークシート】 C：みなせない生徒には変域に分けて考えさせる。 C：とらえられない生徒にはグラフの形に着目させる。 【行動の観察，ワークシート】 C：表やグラフの概形をかき，個別に説明する。 【小テスト】 C：小テストの後に解き方の補足説明をし，必要に応じて個別に補助的な問題に取り組ませる。
2	10 ｜ 12	見②　具体的な事象における２つの数量の関係が関数$y=ax^2$であるかどうかを判断し，その変化や対応の特徴をとらえることができる。（○） 技③　問題の解決のために，関数$y=ax^2$の関係を表，式，グラフに表現したり，処理したりすることができる。（○）	【行動の観察，ワークシート】 C：過去のワークシートを振り返り，関数$y=ax^2$の特徴が使えないかを考えさせる。 【活動の観察，ワークシート】 C：表，式，グラフのどれで表せばよいかを考えさせて，補助しながら自分で表現・処理させる。
	13	関①　関数$y=ax^2$を用いて具体的な事象をとらえ説明することに関心をもち，問題の解決に生かそうとしている。（○） 見②　現実的な事象における２つの数量の関係を理想化・単純化して一次関数及び関数$y=ax^2$とみなし，それらの変化や対応の特徴をグラフなどからとらえ説明することができる。（○◎） （A：２つのグラフが接することの現実的な解釈の説明，重解条件への気付き，よりよい解決に向けて必要な検討事項の記述）	【行動の観察，ワークシート】 C：問題の意味や理想的なバトンパスの状況が理解できていない場合は，理想的でないバトンパスでの位置関係を，人形などを２つ用いて説明する。 【行動の観察，ワークシート】 C：理想的なバトンパスの状況をグラフで考えることができていない場合は，交点が０個，あるいは２個の場合を取り上げ，なぜ望ましくないのかを考えさせる。
	14 ｜ 15	見②　具体的な事象の関数関係を既習のものと比較し，特徴をとらえることができる（○）。 知④　具体的な事象には，既習の関数関係と異なるものがあることを理解している（○）。	【ワークシート】 C：表で具体的に確認していく。 【ワークシートの振り返り】 C：個別に既習の関数と特徴を比較させる。

○は主に「指導に生かすための評価」，◎は主に「記録するための評価」

主たる学習活動 ※主に思考力・判断力・表現力等の 育成に関わる言語活動に下線	指導上の留意点・ポイント	時
理科の実験データを関数で近似できるだろうか？ ・理科の「物体の運動」の実験データ（時間と距離）の関係を一次関数や関数 $y=ax^2$ のグラフで近似する。 ・身の回りには $y=ax^2$ で表される事象があることを知る。	・タブレットPCでグラフ描画ソフトGRAPESを使う。例えば一次関数であれば，y=ax+bと入力し，パラメータa，bを変えることでグラフを近似させる。	1
関数 $y=ax^2$ の特徴を多様に見つけよう。 ・$y=2x$ と $y=2x^2$ とで表，グラフを比較して，特徴を見いだす。見いだした特徴とそうなる理由を説明する。 ・$y=\frac{1}{2}x^2$ と $y=2x^2$ とで表とグラフを比較して，特徴を見いだす。見いだした特徴とそうなる理由を説明する。 ・見いだした特徴が他の関数 $y=ax^2$ で成り立つか調べる。 ・関数 $y=ax^2$ の特徴についての練習問題に取り組む。	・共通点と相違点に分けて考えさせる。 ・理由の説明は，表，式，グラフを関連付けて記述させる。 ・短い時間でワークシートを交換して，意見交換させる。 ・aの値を変えた式の表やグラフをかかせて調べさせる。全体に提示する際には，GRAPESを用いる。	2 ｜ 4
U.ボルト選手の100m走はどのような走りだろうか。 ・速さに着目し，時間と距離で決まることを見いだす。 ・選手の走った時間と距離の関係を，変域のある複数の関数を組み合わせて近似することで表現する。 ・近似した関数で，変化の割合や平均の速さを調べる。 ・平均の速さから，速さの変化の様子を説明する。 ・xの変域が定められた関数 $y=ax^2$ の，yの変域を求める。 ・関数 $y=ax^2$ の意味や特徴に関する練習問題に取り組む。	・北京五輪の世界記録時のラップタイムを用いる。 ・100m走ったときの平均の速さから考えさせ，グラフでの意味（直線の傾き）に気付かせる。 ・第１時と同様の方法で，GRAPESで近似させる。 ・x，yの変域，２点を結ぶ直線の傾きに注目させる。 ・生徒の関心が向けば，瞬間の速さにも触れる。 ・グラフの概形をかかせ，視覚的に考察させる。 ・小テストを設ける。	5 ｜ 9
関数と図形との関連について考えてみよう。 ・長方形などにおける動点の問題など，図形を関数として見る問題に取り組む。 ・求積や面積比の問題など，関数のグラフや軸で囲まれた領域を図形として見る問題に取り組む。 ・他者の考えを解釈し，よりよい方法を検討する。	・xの変域によってできる図形の変化を，視覚的に理解させる。 ・表，式，グラフを関連付けて考えさせる。 ・関数と方程式の関連について，2年次の学習を振り返ることで理解させる。 ・座標平面上のグラフを図形として見ることについて指導する。	10 ｜ 12
Aさん（前走者）がBさん（次走者）に陸上リレー種目でバトンパスをするとき，Aさんが何m手前まで近付いたときにBさんが走り始めるのが理想的か。 ・走った時間と距離の関係を，既習の関数で近似する。 ・何mかを求める方法を話合い記述する。（以下，反応予想） S：関数 $y=ax^2$ （次走者）に一次関数（前走者）が接するときの一次関数の切片を求めて解決する。 S：２つの関数の式から等値法でつくった二次方程式が重解をもつことに着目して解決する。 ・OpenNOTEで複数の考えを共有し，分類する。 ・他者の考えや新たな気付きを加筆する。 ・よりよい解決に向けて必要な検討事項を記述する。	・U.ボルト選手の走りを複数の関数で近似した授業を振り返ることから導入するが，第13時のデータは架空のものであることを知らせる。 ・前走者と次走者が走ったときの時間と距離のデータを配付する。必要に応じてGRAPESを使わせる。 ・グループで話合わせ，各自の考えはデジタルペンでワークシートに記述させる。 ・OpenNOTEで生徒の多様な記述を表示させ，複数の考えの比較，関連付け，統合を促す。 ・問題の解決の過程を振り返らせる。	13
身の回りには，他にどんな関数があるのだろうか。 ・宅配便の料金設定，バクテリアの増加についての問題に取り組む。 ・単元のまとめとして問題演習に取り組む。	・事象とグラフの関連性を中心にして，特徴を考察させるようにする。	14 ｜ 15

事例2 パフォーマンス課題に向けて単元をつくる
～中3「関数$y=ax^2$」の授業～

本単元は，中2までに養ってきた，関数を見いだし表現し考察する力を一層伸ばすとともに，高等学校数学科の素地をつくる上で重要である。指導にあたっては，単元を通じて，表，式，グラフの相互関係，既習の関数との比較，現実的な事象との関連付けを重視することにより，関数$y=ax^2$の理解を深め，関数を見いだし表現し考察する力を一層伸ばしたい。

ある教科書の「節」等の問いの流れは，表6-3のとおりである。

表6-3　ある教科書の「節」等の問いと学習内容

問い	学習内容
斜面を転がるボールについて，転がり始めてからの時間と転がる距離の関係を調べてみよう。	関数$y=ax^2$，2乗に比例する関数
2乗に比例する関数の式を求めてみよう。	式の求め方，比例定数の求め方
関数$y=ax^2$で，$a=1$のときのグラフを調べてみよう。 $y=ax^2$のグラフをかき，$y=ax^2$のグラフと比べてみよう。 $y=-x^2$のグラフをかき，$y=ax^2$のグラフと比べてみよう。	グラフとその特徴
グラフをもとに，関数$y=ax^2$の値の変化について調べてみよう。 関数$y=ax^2$で，xの変域が限られている場合のyの変域を調べてみよう。 変化の割合が，実際の場面でどんな意味をもつのかを考えてみよう。 1次関数$y=ax+b$と2乗に比例する関数$y=ax^2$の特徴を比べてみよう。	最大値，最小値，変域，変化の割合，平均の速さ，既習の関数との類似・相違
身のまわりのことがらを，関数を活用して調べてみよう。	活用，説明
身のまわりからいろいろな関数を見つけ，変化や対応の様子を調べてみよう。	いろいろな関数

その内容を学ぶための問いが並んでいるが，「なぜ式やグラフで表す必要があるのか」「なぜ変域を考察する必要があるのか」といった学ぶ目的，必要性にも十分配慮したいものである。

そこで筆者は，本単元末に，リレーのバトンパスの場面を授業で取り上げ，近似した関数$y=ax^2$と一次関数のグラフが接することについて既習内容やグラフ描画ソフトを活用して考察・説明させるパフォーマンス課題（松下，2007）を設定することにした。

本教材は，「前走者が次走者に陸上リレー種目でバトンパスをする場面で，前走者が何m手前まで近付いたときに次走者が走り始めればよいか」を求める，保健体育科に関連する数学的モデリングの教材である（大澤，1996）。 〔数学的モデリング→p.38〕

ある変域の中で，前走者，次走者が走る時間と距離の関係をそれぞれ一次関数，関数$y=ax^2$で近似し，グラフ描画ソフトGRAPESを用いるなどして，両グラフが接するときの一次関数の切片を求めることが問題の主要な解決である。本教材を通して，主にグラフと事象の関連を理解できること，理想化・単純化して考えるよさを実感できることが期待できる。また，煩雑な作業を避ける意図で「グラフをかかないで計算だけで求められないのか」という問いが生徒から生まれれば，一次関数と関数$y=ax^2$の接点のy座標が等しいことからxの二次方程式を立て，その重解条件「二次方程式$ax^2+bx+c=0$で$b^2-4ac=0$のとき重解をもつ」(高等学校　数学Ⅰ)を見いだすことも期待される。(藤原，2015)

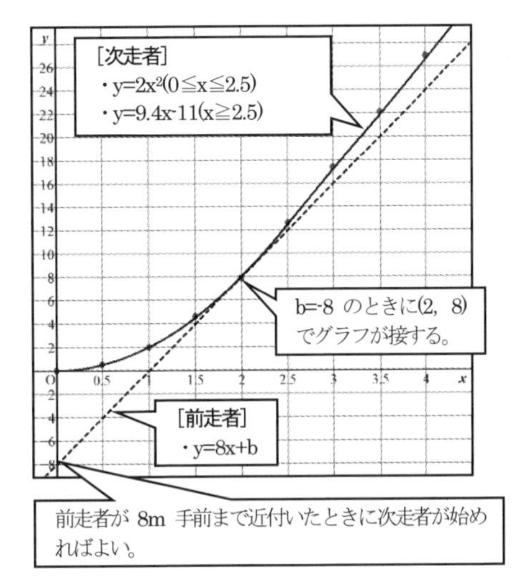

図 6-1　バトンパスのグラフ

この課題の解決のため，次の学習内容を，単元を通して指導しようと考えた。

・2つの変数の関係を大まかにつかむために，その関係を理想化・単純化して，既習の関数のグラフで近似すること

・グラフでの考察を一層詳しくみていくために，式や表で考察すること

・物体の運動の速さとグラフの関係を理解すること

・グラフ描画ソフトを目的に合わせて活用すること

そこで，単元の導入には，理科の「物体の運動」における時間と距離の実験データを複数組取り上げ，近似グラフの概形から関数$y=ax^2$の特徴を直観的・概括的に探り始め，その後は数学の世界の考察に焦点を絞り，表を中心にその特徴を詳しく探らせることにした。単元の中盤には，陸上選手の100ｍ走の時間と距離の関係を取り上げ，変域のある複数の関数を組み合わせて近似させた後，変化の割合と平均の速さについて理解させるようにした。現実の世界と数学の世界とを往還する学習によって具体的な事象とのつながりを実感しながら関数について学び進めることをICT活用で実現しつつ，これらの活動に隣接させる形で，関係する数学の内容の練習問題を散りばめ，理解や技能を一層深められるように工夫した。次ページには，プロセス重視の学習指導案の一部を掲載してあるので，ご一読されたい。

なお，この単元構成は，単元末のパフォーマンスに向けて逆算して構想するとともに，**事例1**と同様，想定される生徒の問いを重視して構想した。そして，平成26年度に実践して，横浜国立大学教育人間科学部附属横浜中学校研究発表会で公開したものである。この単元構成の長所として，次の2つがあると考える。

●関数$y=ax^2$の表，式，グラフのそれぞれを学ぶ必要性がわかる。

・グラフ：変化の様子を大まかにつかむため。
・表：値の変化や対応の様子を具体的につかむため。
・式：関係（規則性）を確定的・一般的につかむため。

●$y=ax^2$の表，式，グラフの相互関係が，具体例（事象）とともに理解できる。

「なぜ学ぶのか」を重視して授業を構成することについては，多くの先生方は異論がないであろう。これからは，さらに中長期で生徒を育成する視点にも立ち，単元構成についても「なぜ学ぶのか」を重視していきたいものである。それによって，単元そのものを学ぶ意義が実感できやすくなるとともに，単元の学習内容が活用可能なものとして学んでいけると考える。

前述のとおり，現行のカリキュラムでは，何のために関数を学ぶのかが生徒にとって見えづらい。関数の学習における“本質的な問い”は何であろうか。筆者は先行研究から，次の2点であると考えている（藤原，2010）。

◇未知の値を予測するにはどうすればよいか。
◇2つの変数の変化と対応を理解するにはどうすればよいか。

学習の本質に迫る授業づくりに向けて，数学的活動そのものだけでなく，その配列についても再考していく余地が大いにある。

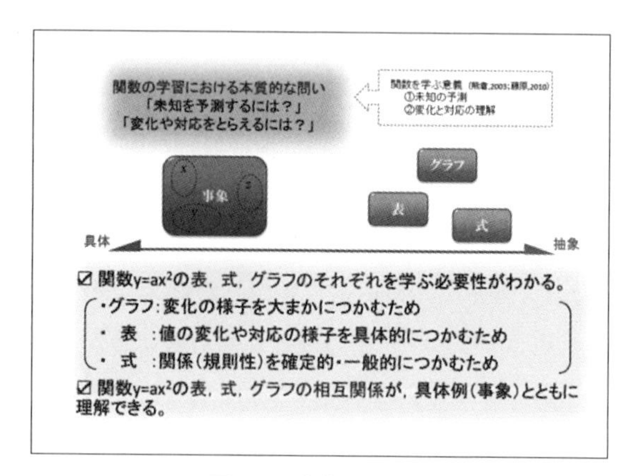

図6-2　本単元の長所

第6章の引用・参考文献

大内広之・藤原大樹・石原理佳（2014）．「統計的思考力の育成を目指した指導と評価（4）－問いの進展を重視した単元構成－」，『日本数学教育学会誌』，第96巻臨時増刊，p.276.

松下佳代（2007）．『パフォーマンス評価 －子どもの思考と表現を評価する－』，日本標準．

大澤弘典（1996）．「現実場面に基づく問題解決 －グラフ電卓を利用した合科的授業展開を通して－」，『日本数学教育学会誌』，第78巻第9号，pp.248-255.

藤原大樹（2010）．「1次関数を学ぶ意義と「みなす活動」についての一考察」，横浜国立大学教育人間科学部附属横浜中学校個人研究論文第9号．

藤原大樹（2015）．「生徒が新たな数学を生み出す数学的モデリングの指導 －中学校数学科の関数領域に着目して－」，『日本科学教育学会年会論文集39』，pp.101-104.

おわりに

「tentative」という英単語をご存知であろうか。学生時代に橋本吉彦先生（横浜国立大学名誉教授）や池田敏和先生らの下で数学教育について学んでいた頃，海外の研究論文からこの単語と出会った。「暫定的な」や「仮の」という意味をもつこの単語は，“不完全の塊”である自身を表現するのにちょうどよく，当時から気に入っている単語の一つである。

このtentativeの眼鏡で身の回りを見てみると，できあがって見える物の数々が再考の対象に見えてくる。その1つが数学の授業であり，数学的活動である。志高き諸先輩教師に参観させていただいた溜息の出るような授業も，自分なりに真似したりアレンジしたりして構想，実践することで，元の授業はtentativeなものとなる。自他の授業を改善して，教師として自分のものにしていく過程は，まさに数学的活動を再考する行為そのものである。また，「○○活動」と名付けられ主張されたものの本質に迫り，新たな研究理論をつくっていく過程も，数学的活動を再考する行為といえよう。

本書実践編の事例は諸先輩方のそれに到底及ばないが，tentativeの眼鏡でその主張に照らしてお読みいただき，「たたき台」としてご批判の上，新たな授業の構想や研究課題の特定等に本書を生かしていただけると幸いである。なお，本書は「理論編→実践編」のみならず，「実践編→理論編」の順でもお読みいただけるように，キーワードを明らかにして，実践編から理論編へのリンクを貼ってある。ご自身の関心に合わせて読み進めていただきたい。

最後になりましたが，恩師である池田敏和先生のご指導のもと，実践について共著させていただく機会をくださった学校図書の酒匂祥之氏，小林雅人氏に，深くお礼申し上げます。

藤原　大樹

ICTMA9を終えて（1999年マドリッド）

著者紹介

池田 敏和（いけだ としかず）

横浜国立大学教授

【略歴】

横浜国立大学助手，講師，助教授を経て現職。博士（教育学）。

ICTMA（数学的モデリング・応用の国際教師集団）国際組織委員，PISA2012調査MEG（数学エキスパートグループ）委員，日本数学教育学会常任理事（渉外部副部長），神奈川県数学教育研究会連合会会長を務める。

【主な著書】

『中学校数学科 数学的思考に基づく教材開発のストラテジー24』（2014，明治図書）

『数学科教育法』（2007，牧野書店）

『今なぜ授業研究か』（2013，東洋館出版社）など。

藤原 大樹（ふじわら だいき）

横浜市立神奈川中学校教諭

【略歴】

横浜国立大学大学院教育学研究科を修了後，平成13年4月より横浜市立中学校2校，横浜国立大学教育人間科学部附属横浜中学校を経て，平成27年4月より現職。修士（教育学）。

国立教育政策研究所「『評価規準，評価方法等の工夫改善に関する調査研究』協力者会議（中学校・数学）」協力者などを務める。

【主な著書】

『発問＆板書で丸わかり！ 中学校新数学科授業ライブ』（江守英世編著，2011，明治図書）

『観点別学習状況の評価規準と判定基準 中学校数学』（北尾倫彦監修・永田潤一郎編著，2011，図書文化）

『中学校数学科統計指導を極める』（松元新一郎編著，2013，明治図書）など。

中学校数学の授業デザイン 1

池田敏和・藤原大樹 共著

数学的活動の再考

2016年1月15日 初版第1刷発行

著 者 池田敏和 藤原大樹

発行者 奈良 威

発行所 学校図書株式会社

〒114-0001 東京都北区東十条3-10-36

TEL 03-5843-9432 FAX 03-5843-9438

http://www.gakuto.co.jp

ISBN C3041 978-4-7625-0179-1

定価はカバーに表示してあります。落丁・乱丁はお取り替えいたします。